U0336403

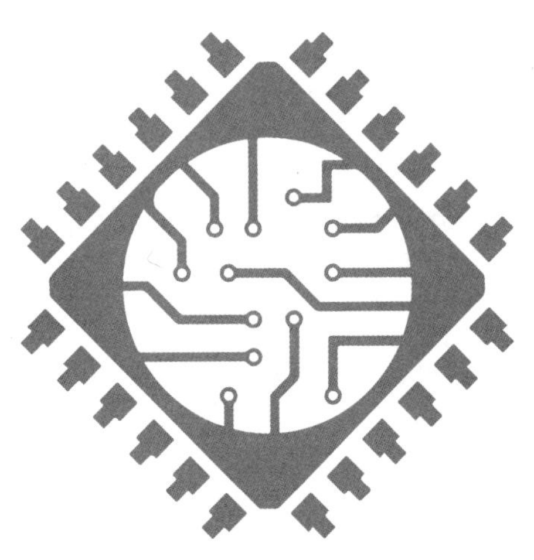

微控制器原理及应用仿真案例

程宏斌　孙霞◎编著

清華大學出版社
北京

内容简介

本书是一部论述微控制器原理及应用设计的案例教程。基于 Proteus 和 Keil 软件，本书设计了 8 位微控制器原理及应用相关的教学案例。全书共分为 8 章：第 1 章介绍了 Proteus 软件的使用，包括 Proteus ISIS 软件的使用、原理图的绘图方法、仿真运行方法；第 2 章介绍了 Keil 软件的使用，包括 Keil 的基本使用方法、C51 编程与调试方法；第 3～8 章分别介绍了 LED 灯和按键控制、中断技术应用、定时器应用、串口通信、输出显示模块和外部功能硬件等案例。

本书将传统物理开发板的实践环节（硬件设计、软件编程、系统调试和效果展示）全部迁移到仿真系统中，提供了详尽的案例以及软硬件原理分析设计、完整的参考程序和仿真电路。本书为课程课内实践和课外创新设计教学提供支持，并对课程教学效果的提升、学生的软硬件系统协同开发工程应用能力的培养提供较好的支撑。

本书适合作为应用型本科院校计算机类专业的微控制器课程的实践教材，也可以作为嵌入式技术人员的自学参考用书。

图书在版编目(CIP)数据

微控制器原理及应用仿真案例/程宏斌，孙霞编著. —北京：清华大学出版社，2021.10
清华开发者书库
ISBN 978-7-302-58399-8

Ⅰ. ①微… Ⅱ. ①程… ②孙… Ⅲ. ①微控制器－高等学校－教材 Ⅳ. ①TP368.1

中国版本图书馆 CIP 数据核字(2021)第 116618 号

责任编辑：赵 凯 李 晔
封面设计：李召霞
责任校对：郝美丽
责任印制：朱雨萌

出版发行：清华大学出版社
网 址：http://www.tup.com.cn，http://www.wqbook.com
地 址：北京清华大学学研大厦 A 座 **邮 编**：100084
社 总 机：010-62770175 **邮 购**：010-83470235
投稿与读者服务：010-62776969，c-service@tup.tsinghua.edu.cn
质量反馈：010-62772015，zhiliang@tup.tsinghua.edu.cn
课件下载：http://www.tup.com.cn，010-83470236
印 装 者：三河市君旺印务有限公司
经 销：全国新华书店
开 本：185mm×260mm **印 张**：12 **字 数**：296 千字
版 次：2021 年 11 月第 1 版 **印 次**：2021 年 11 月第1 次印刷
印 数：1～1500
定 价：69.00 元

产品编号：089912-01

前言

PREFACE

当今，随着物联网技术、人工智能和嵌入式技术的发展，微控制器技术在这些新兴产业中的应用呈现爆发式增长。目前行业应用非常广泛的主流微控制器按字长主要分为8位、16位和32位，它们分别在相应的嵌入式应用领域发挥着智能控制硬件核心作用。微控制器原理及应用技术成为计算机科学与技术、物联网工程等计算机类专业学生需要掌握的核心专业知识。按照工程认证的要求，微控制器技术实践动手能力及工程应用能力的培养是学生毕业要求中一个重要的达成指标点。

微控制器原理及应用是一门应用性、实践性很强的课程，必须在理论教学之外辅以大量的实践开发，才能让学生真正掌握技术原理的应用。一般的学校实践环节都是以插板式硬件开发箱为实践平台，设备成本高，易误操作，易损坏，实践效果欠佳。

针对应用型本科院校微控制器原理及应用课程实践教学存在的不足，为了高效培养学生的实践开发和创新应用能力，提升学生自主学习的兴趣，本书作者力求采用基于Proteus软件的仿真工具，开发一种虚拟的微控制器原理及应用实践教学资源。本书设计了丰富的基于Proteus软件的仿真实践案例，将传统硬件开发箱的实践内容，如硬件设计、软件编程、系统仿真调试和效果展现等全部迁移到仿真系统中，从而构建一个灵活的虚拟仿真实践教学平台。

全书共分为8章：第1章介绍了Proteus软件的使用，Proteus ISIS软件的使用、微控制器应用系统原理图的绘图方法、应用系统仿真运行方法；第2章介绍了Keil软件的使用，Keil μVision编译软件的基本使用方法、C51编程与调试方法；第3章至第8章分别介绍了LED灯和按键控制、中断技术应用、定时器应用、串口通信、输出显示模块和外部功能硬件等案例，主要包括流水灯、单键识别、汽车灯光模拟控制、I/O接口应用、汇编指令、键盘接口、74LS244的应用、74LS138译码器的应用、8255A的应用和RXT-51应用、外部中断、按键计数、外部中断统计脉冲个数、八路抢答器、报警系统、计数器功能应用、定时器控制流水灯、定时器控制交通灯、微控制器与PC的串口通信、微控制器与微控制器的串口通信、LED数码管动态显示、74LS164驱动数码管显示、74HC273驱动数码管显示、点阵屏显示、点阵屏移动显示和字符型液晶显示器LCD1602显示、DS18B20温度传感器、DS18B20多点温度采集、SHT11温湿度传感器、步进电机控制、DS1302时钟、电梯仿真控制系统等。每个案例包括案例概述、要求、涉及的知识点、仿真电路原理、参考源代码和案例分析的介绍。

本书内容丰富，设计的仿真案例能够满足微控制器原理及应用课程要求的课内实践和课外创新应用实践内容要求。本书的特色是不仅能够降低实践教学硬件实验器材的投入，而且案例分析设计深入细致，使学生能够深入每个案例的软硬件完整的设计过程，提高学生的应用创新能力和工程实践能力，同时对改进课程教学效果、培养学生的微控制器技术软硬件系统协同开发的工程应用能力提供较好的支撑。

本书读者对象为从事微控制器原理及应用实践教学工作的教师；学习微控制器原理及应用、嵌入式技术或单片机技术的本科生或研究生；想尝试采用虚拟仿真环境进行微控制器原理及应用课程教学改革的各专业教师和实验教师。

本书第3、4、5、6、7、8章由程宏斌编写，第1、2章由孙霞编写，书中的全部案例的电路和程序都经过了调试和运行。常熟理工学院梁伟博士审阅了本书，提供了很多有价值的修改意见。在本书的编写过程中，作者总结归纳了多年的教学和实践经验，并参考了其他国内的参考资料，在此向所有被参考的作者致敬。另外，由于作者水平有限，书中难免有疏漏的地方，敬请广大读者谅解。

作　者

2021年10月

目录
CONTENTS

第1章 仿真工具

1.1 Proteus 介绍

Proteus 是由英国 Labcenter Electronics Ltd. 开发的一款电路分析与实物仿真软件。它提供原理图绘制、微控制器系统仿真与 PCB（印制电路板）设计等功能（部分功能与 Multisim 软件类似）。该软件工具可以仿真多种微控制器，如 8051 系列、AVR 系列、PIC、MSP 等。另外，Proteus 还可以仿真 16 位微处理器 8086。除此之外，Proteus 还能够仿真许多电子元件，如阻容元件、按键、开关、晶体管、集成电路、液晶显示器等，并且可提供多种调试虚拟仪器（如示波器、信号源等）的功能。

Proteus 由两个主要的软件工具构成，即 ISIS 和 ARES。ISIS 是智能原理图输入系统，它主要有 3 个功能：数字与模拟电路原理图绘制、数字与模拟电路仿真运行、微控制器汇编程序编译调试。ARES 具有 PCB 设计的强大功能。新的 Proteus 7 支持 PCB 的三维预览，便于观察元件布局和展示设计结果。本书主要介绍 ISIS 的使用。

1.2 Proteus ISIS 的使用

Proteus 可仿真多种 MCU（微控制器），并且可仿真许多电子元件。另外，Proteus 可提供多种调试虚拟仪器的功能。

1.2.1 ISIS 启动

运行 Proteus ISIS 7.8，软件功能界面如图 1-1 所示。

ISIS 主要功能模块的功能描述如下：

1. 电路图编辑窗口

电路图编辑窗口用来绘制电路原理图，元件要放到编辑区里。此窗口没有滚动条，可通过预览窗口来改变电路图的可视范围。

2. 预览窗口

此窗口有两种显示功能：一种是当选择元件列表中的一个元件时，窗口显示该元件的预览图；另一种是光标落在电路图编辑窗口时（即将元件放置到电路图编辑窗口后或在电路图编辑窗口中单击后），窗口显示整张原理图的缩略图。另外，窗口会显示一个绿色的方

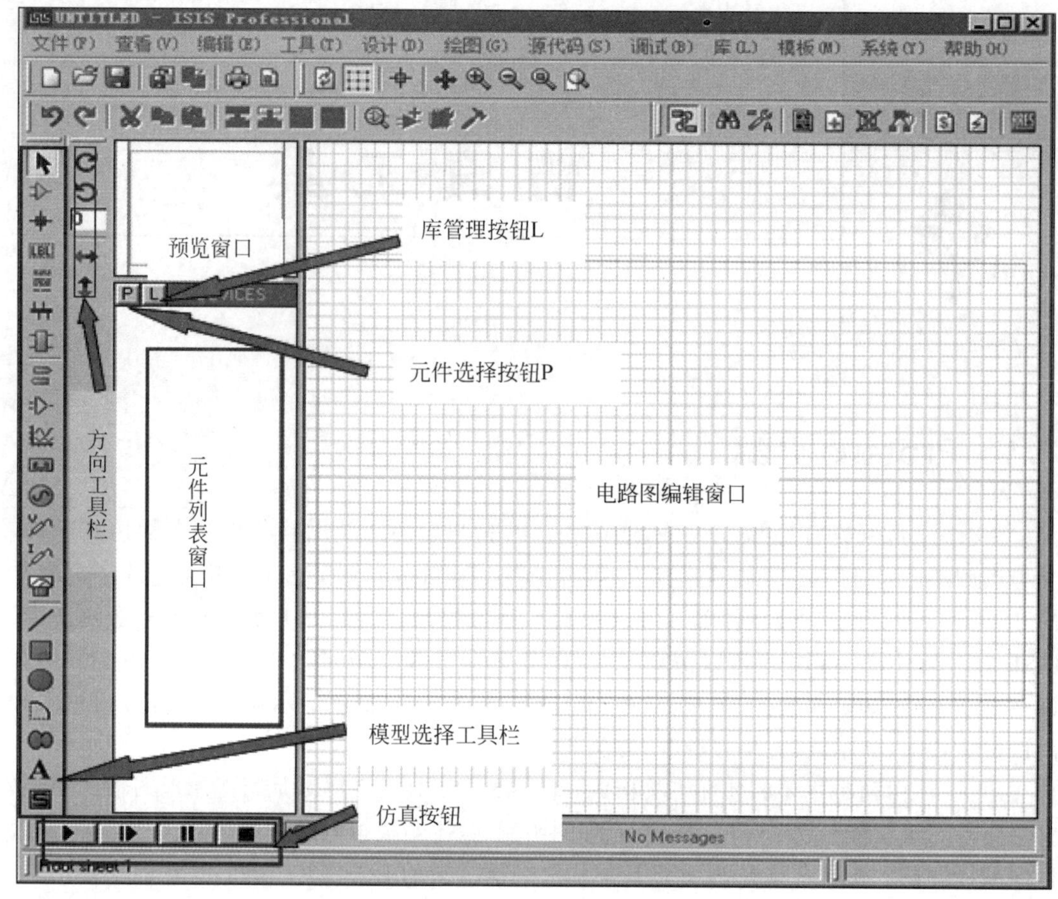

图 1-1 Proteus ISIS 7.8 功能界面

框,该方框中的内容是当前电路图窗口中显示的内容。因此,可用鼠标在窗口中单击来改变绿色方框的位置,从而改变电路图的可视范围。

3. 模型选择工具栏

工具栏分为 3 部分:主要模型、配件和 2D 图形工具。

主要模型(Main Modes)包括:

(1) 选择元件(默认选择的)——用于选取元件。

(2) 元件模式——用于即时编辑元件参数(先单击该图标,再单击要修改的元件)。

(3) 接点模式——用于绘制接点。

(4) 连线标号模式——用于给连线添加网络标号。

(5) 文字脚本模式——放置文本。

(6) 总线模式——用于绘制总线。

(7) 子电路模式——用于放置子电路。

配件(Gadgets)包括:

(1) 终端模式——有 VCC、地、输出、输入等接口。

(2) 元件引脚模式——用于绘制各种引脚。

(3) 仿真图表(graph)模式——用于各种分析,如 Noise Analysis。

(4) 录音机模式。

(5) 励源模式——信号发生器(signal generator)。

(6) 电压探针模式——使用仿真图表时要用到。

(7) 电流探针模式——使用仿真图表时要用到。

(8) 虚拟仪表模式——有示波器等。

2D 图形(2D Graphics)工具包括:

(1) 画各种直线。

(2) 画各种方框。

(3) 画各种圆。

(4) 画各种圆弧。

(5) 画各种多边形。

(6) 画各种文本。

(7) 画符号。

4. 元件列表窗口

该窗口用于挑选元件(components)、终端接口(interface)、信号发生器(signal generator)、仿真图表(graph)等元件。例如,选择"元件(components)",单击 P 按钮会打开选择元件对话框,选择了一个元件后,该元件会在元件列表中显示,以后要用到该元件时,只需在元件列表中选择即可。

5. 方向工具栏

旋转:旋转角度只能是 90°的整数倍。

翻转:完成水平翻转和垂直翻转。

工具使用方法:先右击元件,再单击相应的旋转图标。

6. 仿真按钮

电路仿真控制按钮包括:

(1) 运行。

(2) 单步运行。

(3) 暂停。

(4) 停止。

1.2.2 添加元件

Proteus ISIS 提供包含约 8000 个部件的元件库,包括标准符号、三极管、二极管、热离子管、TTL、CMOS、微处理器以及存储器部件、PLD、模拟 IC 和运算放大器。

放置元件之前,首先确保处于元件模式(单击模型选择工具栏的元件模式按钮)。单击 P 按钮,弹出选择元件对话框,在该对话框的"关键字"文本框中输入 AT89C51,结果如图 1-2 所示。

选择需要的元件型号 AT89C51 后,关闭对话框,这时元件列表中列出 AT89C51。在元件列表中单击选取 AT89C51,在电路图编辑窗口中适当的位置单击,AT89C51 元件被放置在电路图编辑窗口中。用同样的步骤可以增加其他元件。

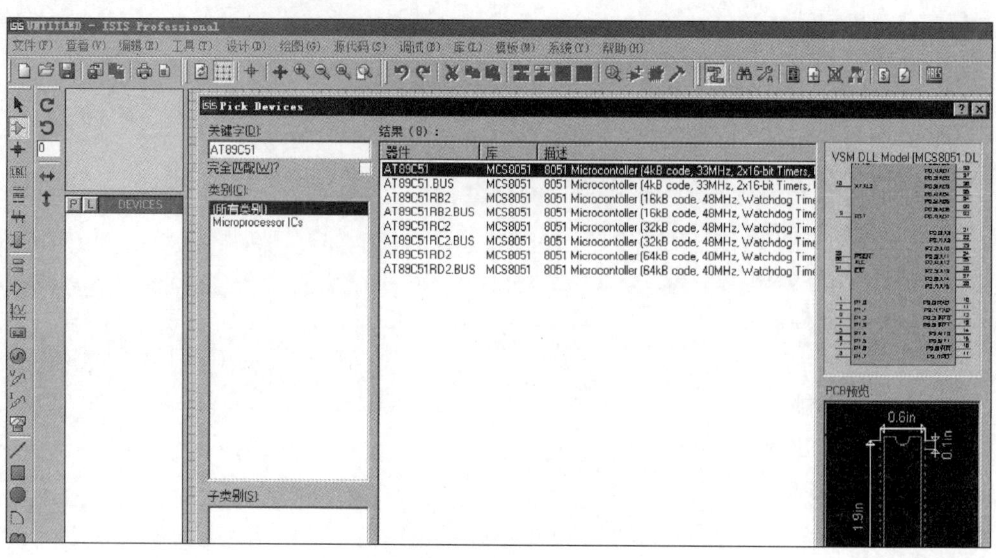

图 1-2 选择元件对话框

1.2.3 修改属性

对于每一个元件,它都有对应的编号、参数值等属性,属性可以编辑修改。在电路图编辑窗口中,右击元件图形,弹出如图 1-3 所示的快捷菜单。

在弹出的菜单中选取“编辑属性”功能,弹出元件属性设置窗口,如图 1-4 所示。

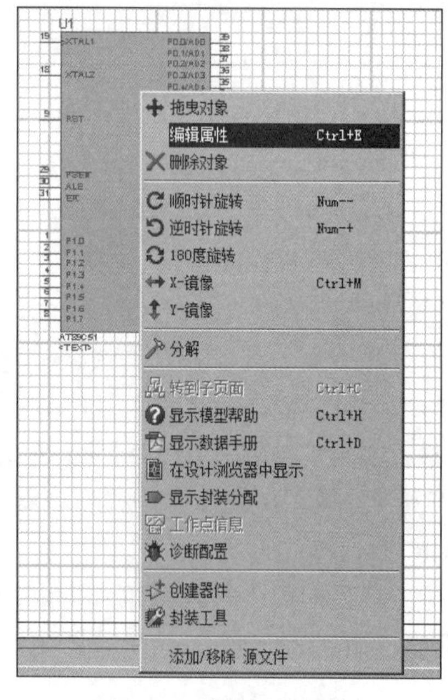

图 1-3 编辑元件菜单

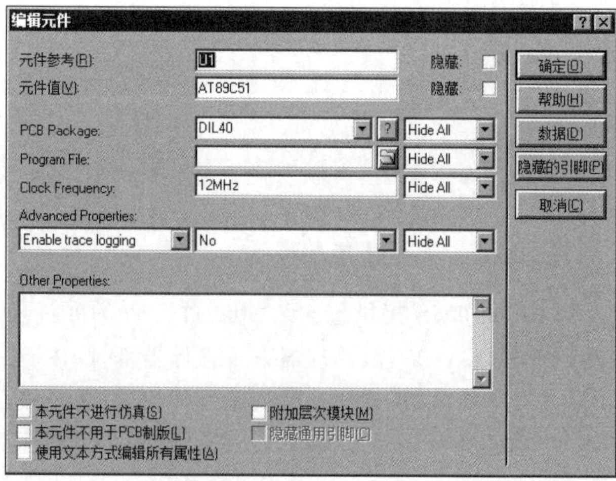

图 1-4 元件属性设置窗口

1.2.4 布线

在电路编辑窗口中放置完元件后，即可开始进行连线。Proteus ISIS 有两种连线模式，即自动连线模式(开始放置连线后，连线将随着鼠标指针以直角方式移动，直至到达目标位置)和无模式连线(在 Proteus ISIS 中连线可以任意放置或编辑，不一定是直角)。常用的布线介绍如下。

1. 连接导线

单击两个元件的连接点即可进行连接。若有多条平行导线，可以先连接第一条导线，再双击下一个连接点就可以让 ISIS 自动在第二个引脚之间画出一条平行于第一条的导线。

2. 连接线的网络标号设置

在准备添加网络标号的地方右击，在弹出的快捷菜单中选择添加网络标号命令，在出现的对话框中输入标号即可，如图 1-5 所示。

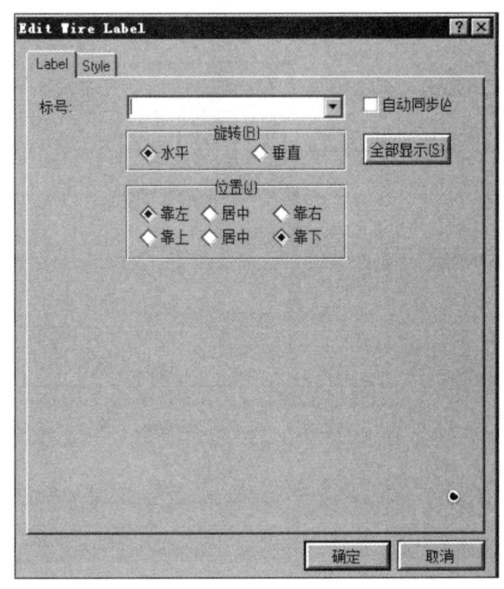

图 1-5　添加网络标号

3. 网络标号快速添加方法

单击“工具”→“属性设置”选项，在“字符串”栏中输入“net＝A＃”，设置计数值为 1，即初值为 1，增量为 1，然后单击“确定”按钮即可，如图 1-6 所示。按顺序连续单击各连接线即可依次按序添加网络标号。

在图 1-6 中，“计数值”是设置的标号初值，“增量”是标号序号递增的步长。若某条连线点错了，注意不要撤回该连线标号，再单击正确连线继续添加标号。若需要全部撤回，则重新进入属性设置选项窗口进行设置。快速添加多个连线的网络标号如图 1-7 所示。

4. 画总线

为了简化原理图，Proteus 支持用一条导线代表数条并行的导线，这就是总线。单击工具箱的总线按钮，即可在编辑窗口画总线。这时工作平面上将出现十字形光标，将十字形光标移至要连接的总线分支处单击，系统将弹出拖着一条较粗线的十字形光标，将该光标移至另一个总线分支处单击，一条总线就画好了。如图 1-7 中的粗线所示。

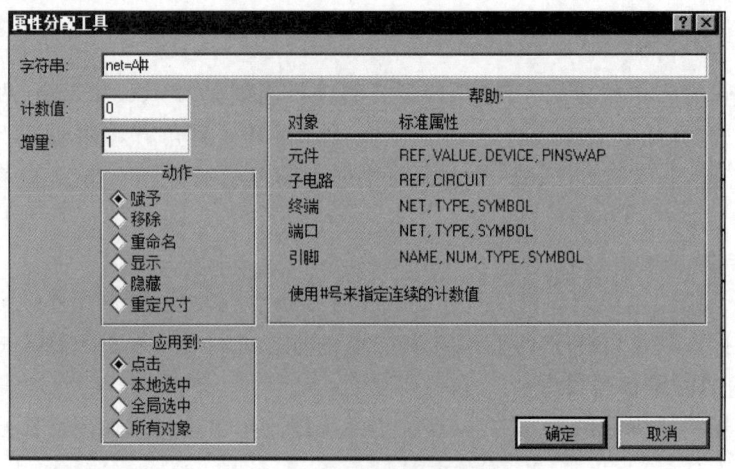

图 1-6 属性设置选项对话框

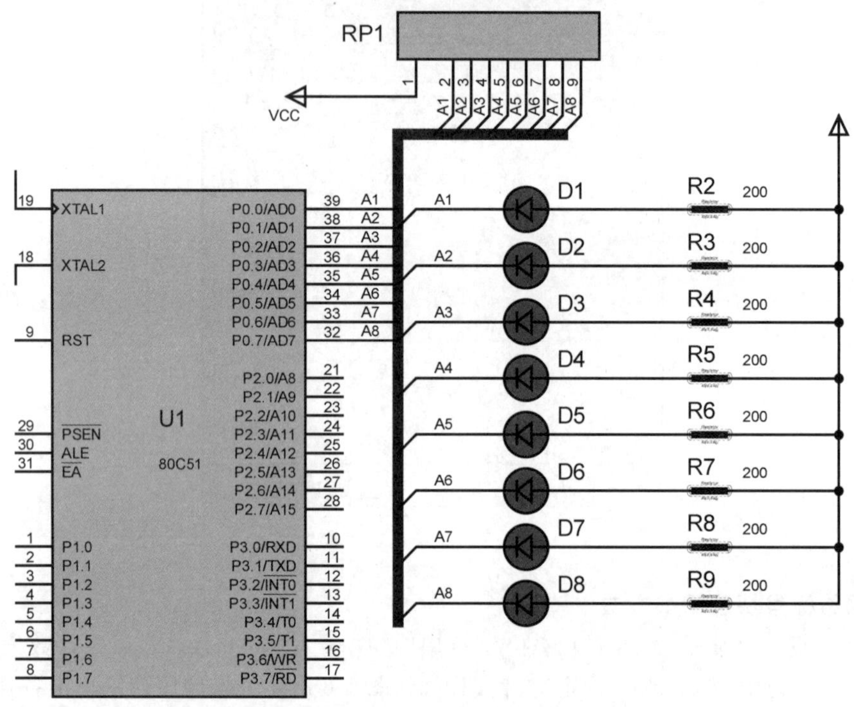

图 1-7 快速添加多个连线的网络标号

1.2.5 添加 hex 文件仿真运行

在微控制器元件 AT89C51 的属性编辑窗口中，在 Program File 中单击打开文件按钮出现文件浏览对话框，找到 1. hex 文件，单击“确定”按钮完成文件添加，在 Clock Frequency 中把频率改为 12MHz，单击“确定”按钮退出，如图 1-8 所示。

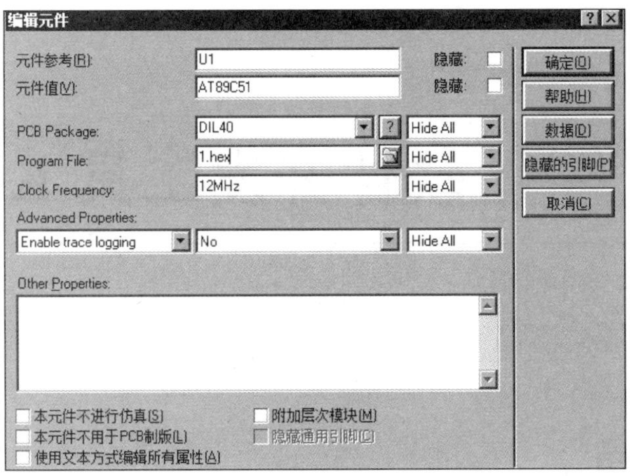

图 1-8　AT89C51 的属性编辑窗口

第 2 章 软件开发工具 Keil

2.1 Keil 介绍

Keil 是德国 Keil Software 公司的 8051 微控制器开发软件包，包括 C 编译器、汇编编译器、连接器、库管理及仿真调试器，通过一个 Windows 下的 μVision2 集成开发环境组合起来。

μVision2 的主界面包括 4 个组成部分，即菜单工具栏、工程管理窗口、文件编辑窗口和输出窗口，如图 2-1 所示。

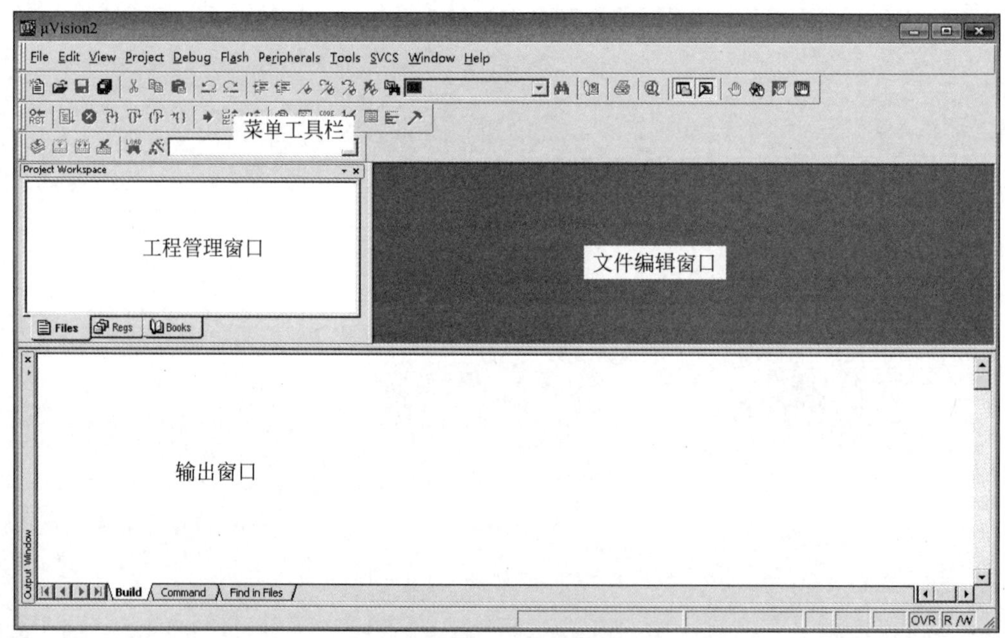

图 2-1 μVision2 主界面

μVision2 中共有 11 个下拉菜单。工具栏的位置和数量可以通过设置选定和移动。工程管理窗口用于管理工程文件目录，它由 5 个子窗口组成：文件窗口、寄存器窗口、帮助窗口、函数窗口和模板窗口。输出窗口用于编译过程中的信息交互，由 3 个子窗口组成：编译窗口、命令窗口和搜寻窗口。

2.2　Keil的基本使用方法

使用Keil进行嵌入式软件开发的基本步骤：建立工程→选择MCU、生成启动代码→新建源程序文件→添加源程序文件到工程→工程设置→编译源程序→动态调试→运行程序。

2.2.1　建立工程

如图2-2所示，单击Project→New Project命令新建工程，在编辑框中输入一个名字(设为exam1)，不需要带扩展名。此时工程文件夹多了一个文件exam1.uv2。

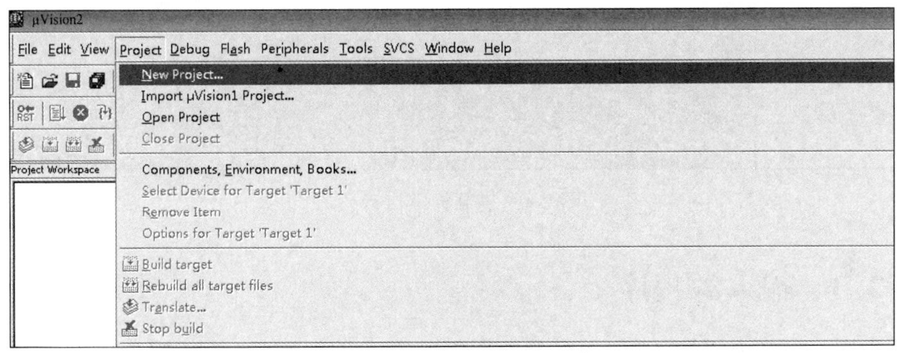

图2-2　建立工程

2.2.2　选择目标MCU

输入工程名字后弹出设备选择窗口，选择常用的Atmel公司的微控制机器AT89C51，如图2-3所示。

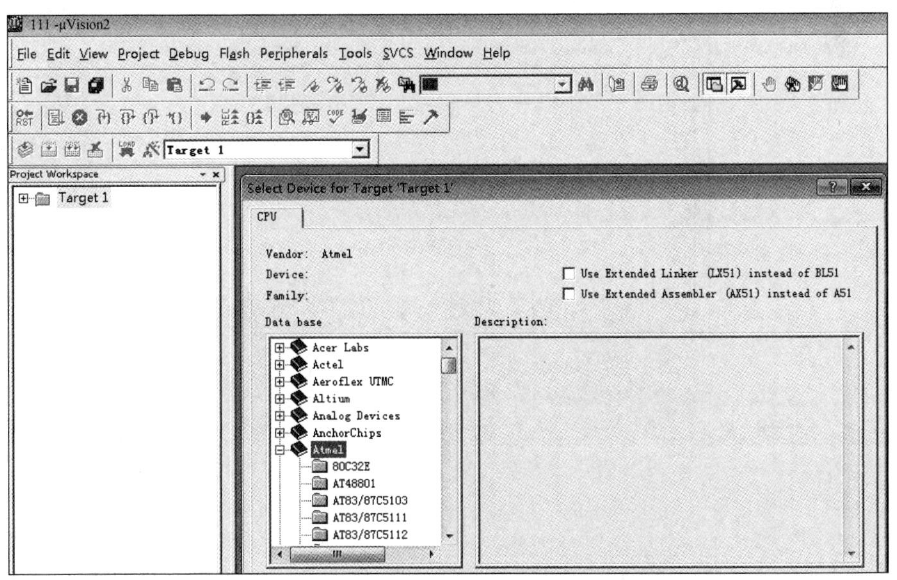

图2-3　设备选择

选择目标微控制器之后，在弹出的对话框中选择是否将微控制器的标准启动代码复制到工程中，单击“是”按钮即可，如图 2-4 所示。此时工程文件夹多了一个文件 STARTUP. A51。

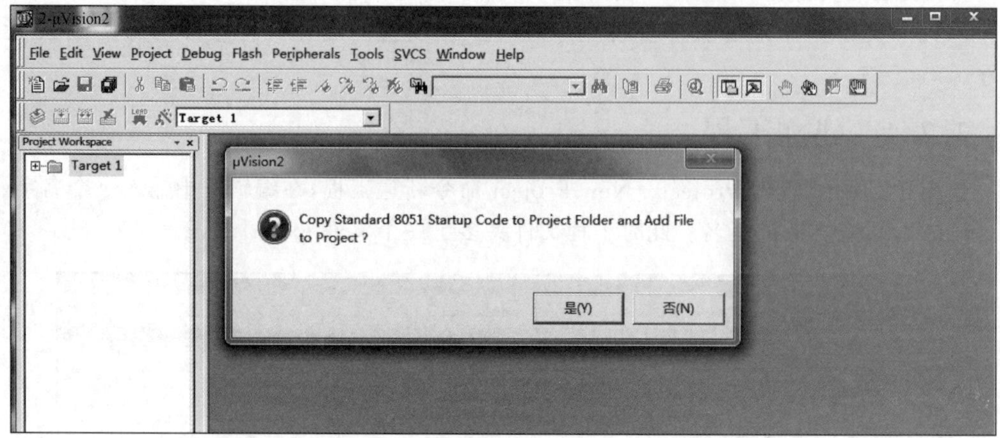

图 2-4 复制标准启动代码

2.2.3 输入源程序

单击 File 菜单中的 New 命令打开一个新的文本编辑窗口，输入程序源代码，如图 2-5 所示，然后以 *.c 的形式保存该文件。

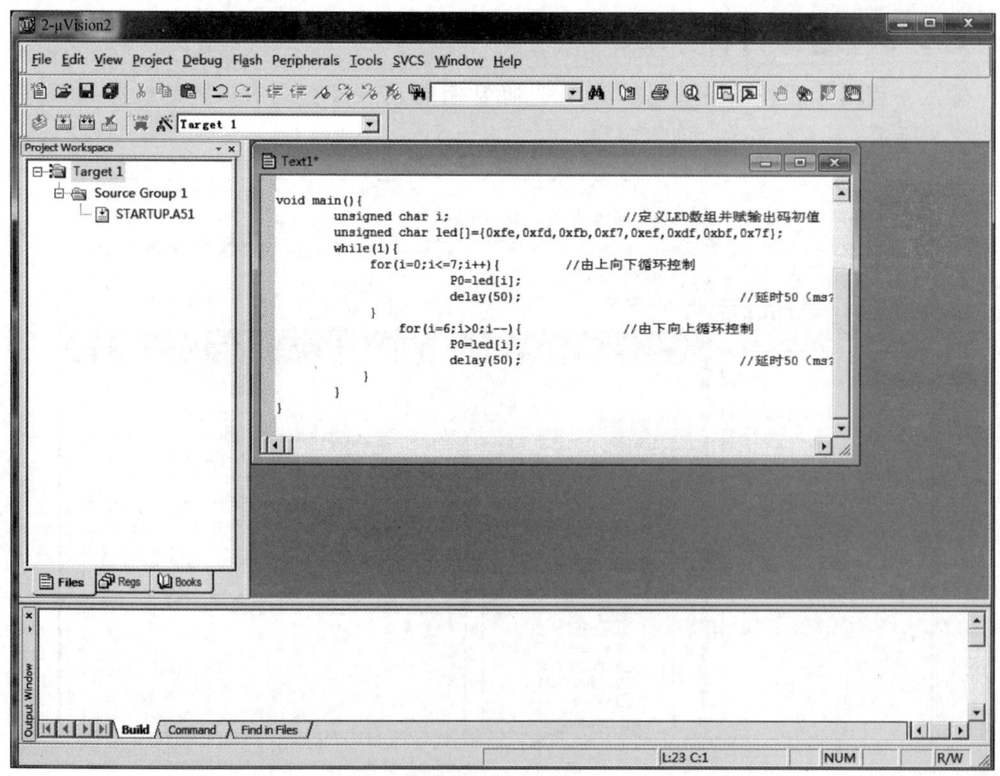

图 2-5 新建文件

2.2.4 添加C51源程序到工程中

右击 Source Group1→Add Files to Group 'Source Group 1'命令，添加生成的.c文件，如图2-6所示。

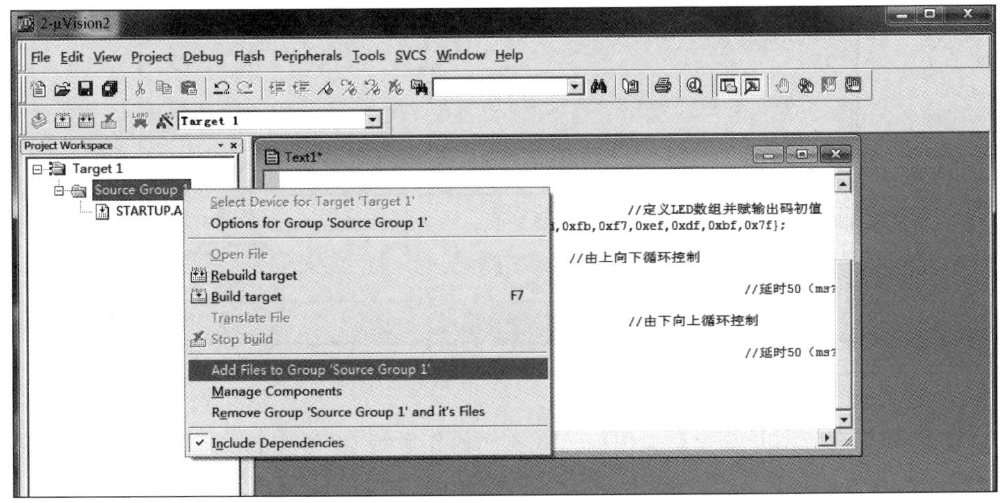

图2-6 添加文件到工程中

2.2.5 工程设置

在编译C51源程序之前，需要配置Keil的几个属性：target、output和debug。如右击Project Workspace的Target 1选项，选择Options for Target 'Target 1'命令，如图2-7所示。

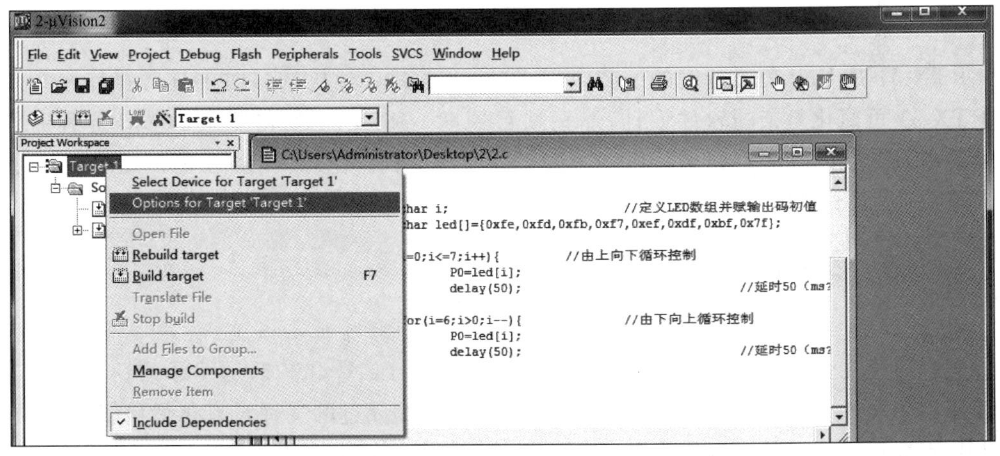

图2-7 工程设置

在弹出的对话框中选择Output选项卡，选中Creat HEX File选项，如图2-8所示，编译完成后即可生成二进制文件。因为12MHz方便计算指令机器周期时间。Target选项卡中设置晶振参数Xtal值为12。

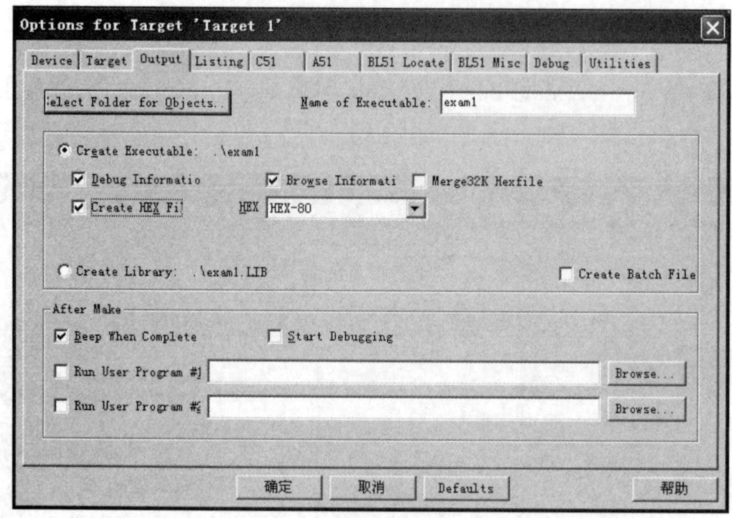

图 2-8 Output 选项卡

另外，如果在应用开发中要使用嵌入式实时操作系统 RTX-51，则需要在 Target 选项卡中设置 Operating 为 RTX-51 Tiny，如图 2-9 所示。

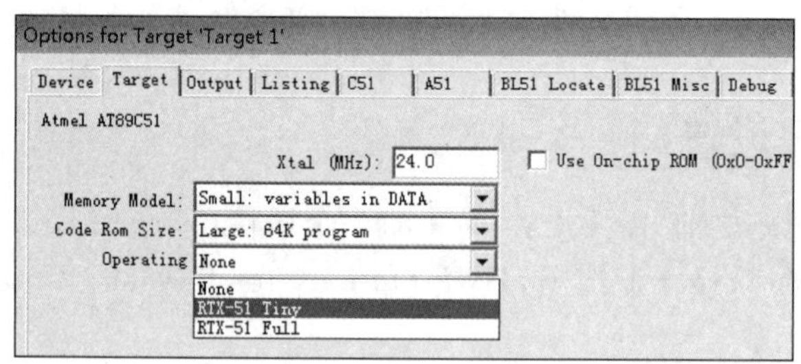

图 2-9 RTX-51 的设置

RTX-51 是 Keil 公司开发的一款应用于 8051 系列单片机的实时多任务操作系统。采用 RTX-51 可简化复杂的软件设计，缩短项目周期。RTX-51 使得复杂的多任务程序设计变得简单，因此在 8051 系列单片机嵌入式系统中应用很广泛。RTX-51 Tiny 已经集成在开发环境中，不需要单独安装。

2.2.6 编译源程序

单击 F7 键或工具按钮启动编译、连接功能，编译连接生成 hex 文件。

完成后将在命令窗口中显示编译结果。图 2-10 中①、②和③都是编译按钮。按钮①用于编译单个文件。按钮②是编译当前项目，如果先前编译过的文件没有再做编辑改动，则再单击是不会重新编译的。按钮③是重新编译，每单击一次均会再次编译连接一次，不管程序是否有改动。编译完成后，提示窗口显示如图 2-11 所示，如果有语法错误，双击出错提示可指出错误所在行号。

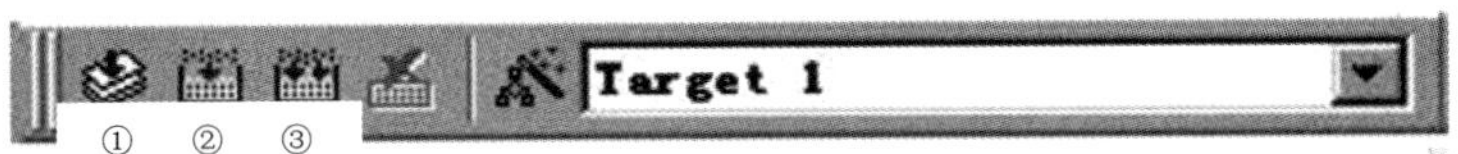

图 2-10　编译

```
Build target 'Target 1'
compiling exam1.c...
linking...
Program Size: data=9.0 xdata=0 code=32
creating hex file from "exam1"...
"exam1" - 0 Error(s), 0 Warning(s).
```

Output Window　Build　Command　Find in Files　L:15 C:11

图 2-11　编译结果提示窗口

2.2.7　添加 hex 文件到 MCU

C51 源程序编译成功之后，将 Keil 编译形成的 *.hex 文件加载到 *.DSN 文件中，通过 Proteus 控制仿真运行(无法在运行过程中进行调试)，观察运行结果。

第 3 章

LED 灯和按键控制案例

微控制器原理及应用是一门实践性很强的计算机硬件开发课程，教学中需要加强学生的实践动手能力，并在教学之外辅以大量的创新应用实践，才能让学生灵活掌握技术原理的应用。大部分高校在课程实践教学中都是使用微控制器实验箱进行实践教学，存在实验箱易误操作、易损坏、设备成本高的问题，而且实验课时不足，导致实验效果不佳。针对应用型本科院校微控制器原理及应用课程实验教学存在的问题，本书设计了丰富的微控制器原理及应用实验仿真案例，将传统物理实验箱的实验内容，如硬件设计、软件编程、系统调试和效果展现全部迁移到仿真软件系统中，能够完成课程大纲要求的课内实验和课外创新设计。

基于 Proteus 硬件仿真工具和 Keil 程序设计软件构成的仿真设计环境，本章设计了与 LED 灯和按键控制相关的基本案例。主要内容包括流水灯、单键识别、汽车灯光模拟控制、I/O 接口应用、汇编指令、键盘接口、74LS244 的应用、74LS138 译码器的应用、8255A 的应用和 RXT-51 应用，每个案例都提供了详尽的软硬件设计，包括仿真电路和完整的参考程序，有助于学生自主学习和掌握微控制器内部基本硬件模块的工作原理和应用编程。

3.1 流水灯

3.1.1 案例概述

通过 8051 系列微控制器的 P1 口接 8 个 LED 发光二极管，要求编写程序实现：

(1) 从下往上每次点亮一个 LED，当点亮所有 LED 时，全灭。再从上往下每次点亮一个 LED，当点亮所有 LED 时，全灭；

(2) 全灭、全亮 2 次；

(3) 隔一个交替灭、亮 2 次；

重复上述过程。

3.1.2 要求

(1) 学习微控制器 I/O 接口结构特点及相关寄存器的使用方法；

(2) 掌握一个简单具体的微控制器项目的开发流程；

(3) 熟悉 Proteus ISIS 软件及使用方法。

3.1.3 知识点

8051 微控制器内部并行 I/O 接口结构和寄存器的用法、C51 语言应用程序设计。

3.1.4 电路原理图

案例控制电路如图 3-1 所示。8 个 LED 灯通过灌电流连接方式连接在微控制器的 P1 口的 8 个引脚上。限流电阻阻值不宜太大，阻值设定为 200Ω，否则 LED 灯不亮。

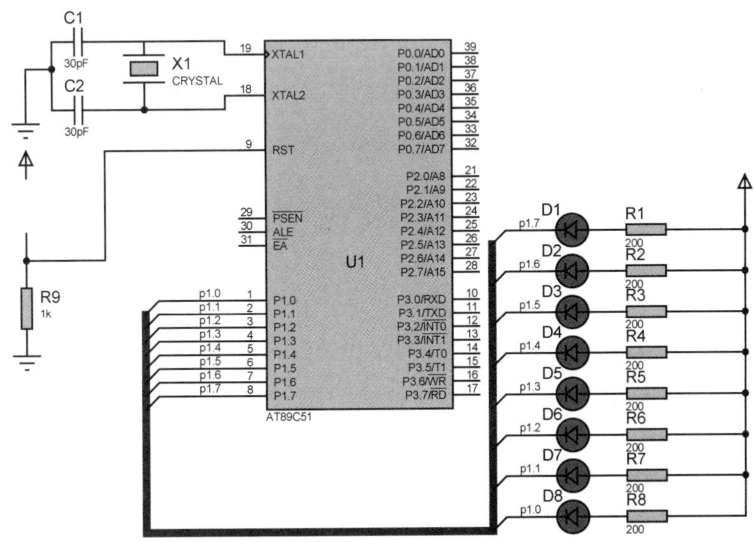

图 3-1 流水灯电路图

3.1.5 案例应用程序

```
#include <REG51.H>                              //8051 特殊功能寄存器定义
#define LED_PORT1 P1                            //用 P1 口驱动灯
void time(unsigned int ucMs);                   //延时单位: ms
void main(void)
{
unsigned char ucTimes;
#define DELAY_TIME 400
while(1)
{
    LED_PORT1 = 0xff;                           //灭 8 个灯
    time(200);
    //从左往右依次点亮 LED
    for(ucTimes = 0;ucTimes < 8;ucTimes++){     //循环点亮 P1 口灯
        LED_PORT1 = LED_PORT1 - (0x80 >> ucTimes);   //低电平驱动灯亮
        time(DELAY_TIME);
    }

    LED_PORT1 = 0xff;                           //灭 P1 口灯
```

```
        time(200);
        //然后从右往左依次点亮 LED
        for(ucTimes = 0;ucTimes < 8;ucTimes++){                 //循环点亮 P1 口灯
            LED_PORT1 = LED_PORT1 - (0x01 << ucTimes);          //低电平驱动灯亮
            time(DELAY_TIME);
        }

        LED_PORT1 = 0xff;time(DELAY_TIME);                      //全灭
        LED_PORT1 = 0;time(DELAY_TIME);                         //全亮
        LED_PORT1 = 0xff;time(DELAY_TIME);                      //全灭
        LED_PORT1 = 0;time(DELAY_TIME);                         //全亮

        LED_PORT1 = 0x55;time(DELAY_TIME);                      //隔一个点亮
        LED_PORT1 = 0xaa;time(DELAY_TIME);                      //交换

        LED_PORT1 = 0x55;time(DELAY_TIME);                      //隔一个点亮
        LED_PORT1 = 0xaa;time(DELAY_TIME);                      //交换
    }
}

void time(unsigned int ucMs)                                    //延时单位: ms
{
#define DELAYTIMES 239
unsigned char  ucCounter;                                       //延时设定的循环次数
 while (ucMs!= 0) {
        for (ucCounter = 0; ucCounter < DELAYTIMES; ucCounter++){}     //延时
        ucMs -- ;
        }
}
```

3.1.6 案例分析

因为 P1 口低电平驱动灯亮，高电平驱动灯灭。可以预先推算出控制流水灯亮灭状态的 P1 口驱动状态数据。

首先驱动 8 个灯全灭，然后要实现从下往上一个一个亮。可以用一个 for 循环实现状态控制。初始化时，先让右边第一个灯亮，然后再依次向下边顺序再点亮一个灯。本案例 P1 口的动态驱动数据设计为 0xff-(0x80 >> uctime)，0x80 即是右边第一个灯灭的时候的驱动数据 1000 0000B，用 11111111B 减去它即为 0111 1111B，从而实现了第一个灯亮的控制。其他每个灯依次点亮的控制原理类似，通过 8 次循环执行 LED_PORT1＝LED_PORT1-(0x80 >> ucTimes)，实现点亮所有流水灯的效果。同理，如要实现从上往下一个一个亮，P1 口的动态驱动数据应设计为 LED_PORT1＝LED_PORT1-(0x01 << ucTimes)，通过 8 次循环执行实现需要的效果。

本案例还可以改变流水灯的变化方式，如从中间到两边依次亮。读者可以自己完成电路和相应的代码。

3.2 单键识别

3.2.1 案例概述

通过 8051 系列微控制器控制实现功能：每按一次按键，与 I/O 接口 P1 相连的 8 个发光二极管中点亮的一个往下移动一位。

注意：我们在手动按键时，一些机械抖动或是其他非人为的因素很有可能会造成误识别，一般手动按下一次键然后释放，按键两片金属膜接触的时间大约为 50ms，在按下瞬间到稳定的时间为 5～10ms，在松开的瞬间到稳定的时间也为 5～10ms。可以在首次检测到键被按下后延时 10ms 左右再去检测，这时如果是干扰信号将不会被检测到；如果确实有键被按下，则可确认。以上为按键识别去抖动的原理。

3.2.2 要求

(1) 学习微控制器 I/O 接口结构特点及相关寄存器的使用方法；

(2) 掌握一个简单具体的微控制器项目的开发流程；

(3) 熟悉 Proteus ISIS 软件及使用方法。

3.2.3 知识点

8051 微控制器的并行 I/O 接口知识、I/O 接口的结构和寄存器的用法。

3.2.4 电路原理图

如图 3-2 所示，控制按键接在 P3.4 引脚。8 个 LED 灯通过灌电流连接方式连接在微控制器的 I/O 接口 P1 的 8 个引脚上，限流作用的电阻阻值设定为 200Ω，否则 LED 灯不亮。

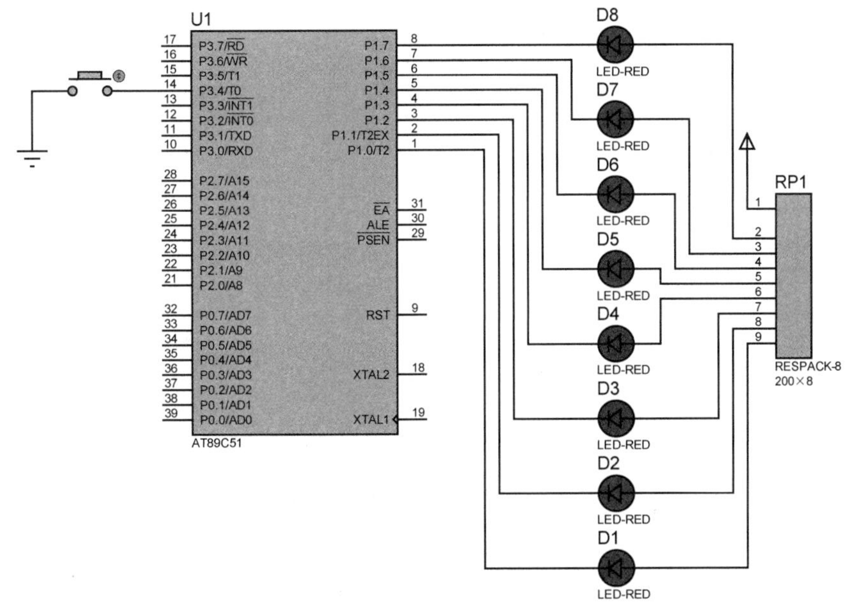

图 3-2　单键识别电路图

3.2.5 案例应用程序

```
#include <reg51.h>
Sbit BY1 = P3^4;                                //定义按键的输入端 S2 键
unsigned char count;                            //按键计数,每按一下,count 加 1
unsigned char temp;
unsigned char a,b;

void delay10ms(void)                            //延时程序
{
    unsigned char i,j;
    for(i = 20;i > 0;i -- )
    for(j = 248;j > 0;j -- );
}

key()                                           //按键判断程序
{
    if(BY1 == 0)                                //判断是否按下键盘
    {
      delay10ms();                              //延时,软件去干扰
      if(BY1 == 0)                              //确认按键按下
       {
       count++;                                 //按键计数加 1
       if(count == 8)                           //计 8 次重新计数
       {
        count = 0;                              //将 count 清零
       }
      }
    while(BY1 == 0);                            //等待本次按键松开,确保每按一次 count 只加 1
    }
}

move()                                          //移动函数
{
    a = temp << count;
    b = temp >>(8 - count);
    P1 = a|b;
}

main()
{
count = 0;
temp = 0xfe;
P1 = 0xff;
P1 = temp;
while(1)                                        //无限循环,判断按键是否按下
  {
   key();                                       //调用按键识别函数
   move();                                      //调用移动函数
  }
}
```

3.2.6　案例分析

在该案例中，按键判断函数 key()用于判断按键是否按下，每一次按下后就改变变量 count 的值，即加 1 运算。而 move()函数根据变量 count 的最新值改变变量 temp 的值，再由 temp 的新值控制 LED 灯的亮灭变化。

向左移动函数 move()的前 3 轮循环结果如下：

第一轮，

```
count = 0
temp = 0xfe;                        // temp  = 11111110B
a = temp << 0;                      // a = 11111110B
b = temp >> 8;                      // b = 00000000B
P1 = a|b;                           // P1 = 11111110B
```

第二轮，

```
count = 1;
temp = 0xfe;                        // temp  = 11111110B
a = temp << 1;                      // a = 11111100B
b = temp >> 7;                      // b = 00000001B
P1 = a|b;                           // P1 = 11111101B
```

第三轮，

```
count = 2
temp = 0xfe;                        // temp  = 11111110B
a = temp << 2;                      // a = 11111000B
b = temp >> 6;                      // b = 00000011B
P1 = a|b;                           // P1 = 11111011B
```

以此类推，实现每按一次按键，与 P1 口相连的 8 个 LED 二极管依次点亮下一个。

3.3　汽车灯光模拟控制

3.3.1　案例概述

(1) 通过 8051 系列微控制器实现汽车左转向灯、右转向灯的模拟控制；

(2) 在左转向、右转向控制的基础上增加汽车故障灯，编程实现故障灯控制功能，要求故障灯控制不影响转向灯的控制；

(3) 在上述基础上增加汽车倒车灯，编程实现倒车灯控制功能，要求倒车灯打开后常亮，但是不影响故障灯和转向灯的控制功能的控制。

3.3.2　要求

(1) 学习使用微控制器各 I/O 接口的输入/输出功能及应用；

(2) 熟悉汽车灯光模拟控制应用程序的开发；

(3) 熟悉软件延时程序的编写方式。

3.3.3　知识点

微控制器 I/O 接口的输入/输出原理、C51 语言应用程序设计。

3.3.4 电路原理图

案例转向模拟控制电路如图 3-3 所示。

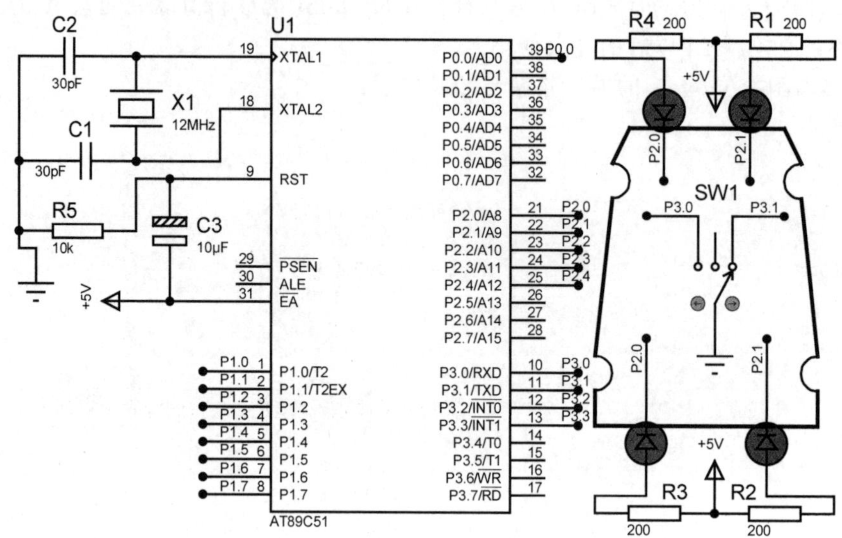

图 3-3 汽车左转向、右转向灯模拟控制

案例中,汽车左右转向由三向开关控制,案例中使用 P3 的 P3.0、P3.1 两个引脚分别作为左、右控制开关。汽车左右转向灯通过灌电流连接方式连接在微控制器的 I/O 接口 P2 的 P2.0、P2.1 两个引脚上,限流电阻阻值设定为 200Ω。

在汽车左转向灯、右转向灯模拟控制基础上,增加两个故障灯和两个倒车灯。使用微控制器的 P3.2 引脚连接倒车灯控制开关,使用 P3.3 引脚连接故障灯控制开关,如图 3-4 所示。

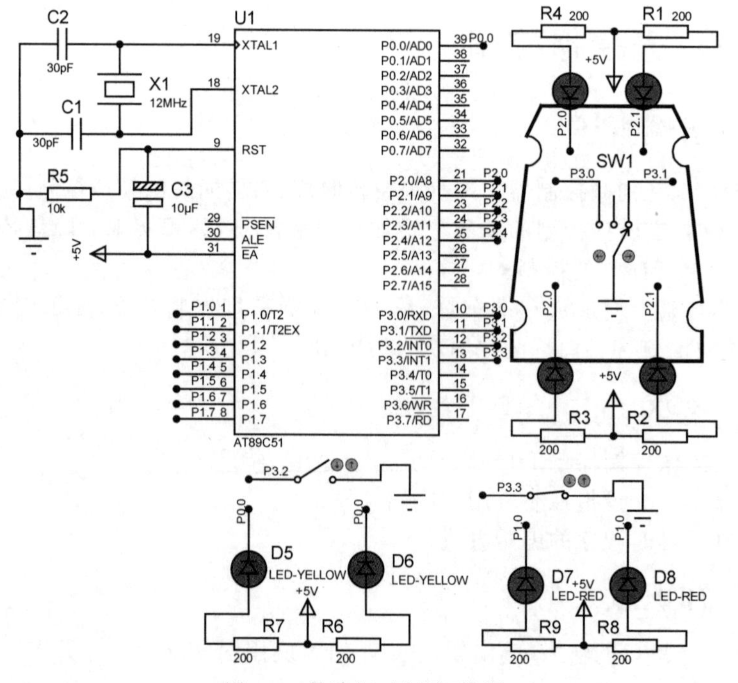

图 3-4 故障灯、倒车灯控制

3.3.5 案例应用程序

按照上述电路,相应的参考程序如下:

```
#include <REG51.H>                        //片内寄存器定义
#include <stdio.h>                        //输入/输出函数库
#include <intrins.h>                      //内部函数库
sbit L = P3^0;                            //左转向灯开关
sbit R = P3^1;                            //右转向灯开关
sbit B = P3^2;                            //倒车灯开关
sbit E = P3^3;                            //故障灯开关
sbit leftLed = P2^0;                      //左转向灯
sbit rightLed = P2^1;                     //右转向灯
sbit backLed = P0^0;                      //倒车灯
sbit errLed = P1^0;                       //故障灯
#define ON_leftLed     leftLed = 0
#define OFF_leftLed    leftLed = 1
#define ON_rightLed    rightLed = 0
#define OFF_rightLed   rightLed = 1
#define ON_backLed     backLed = 0
#define OFF_backLed    backLed = 1
#define ON_errLed      errLed = 0
#define OFF_errLed     errLed = 1
void time(unsigned int ucMs);             //延时单位: ms
void main (void)
{
    while(1){                             //3 种灯可以同时工作
        if (!L){                          //打开左转向灯,闪烁
        ON_leftLed;time(100);
        OFF_leftLed;time(100);
        }
        if (!R){                          //打开右转向灯,闪烁
        ON_rightLed;time(100);
        OFF_rightLed;time(100);
        }
        if (!B){ON_backLed;time(100);}        //打开倒车灯,常亮
        else  OFF_backLed;                    //必须要关闭灯,否则倒车灯不能灭掉

        if (!E){                          //打开故障灯,闪烁
        ON_errLed;time(400);
        OFF_errLed;time(100);
        }
    }
}

void delay_5us(void)                      //延时 5μs,对于 22.1184MHz 晶振而言,需要 4 个_nop_();
                                          //对于 11.0592MHz 晶振而言,需要 2 个_nop_();
{
  _nop_();
  _nop_();
  _nop_();
  _nop_();
```

```
}

void delay_50us(void)                    //延时 50μs
{
      unsigned char i;
      for(i = 0;i < 4;i++)
      {
         delay_5us();
      }
}

void delay_100us(void)
{
      delay_50us();
      delay_50us();
}


void time(unsigned int ucMs)             //延时单位: ms
{
    unsigned char j;
    while(ucMs > 0){
        for(j = 0;j < 10;j++) delay_100us();
        ucMs -- ;
       }
}
```

另外,一个更简便的方法如图 3-5 所示。

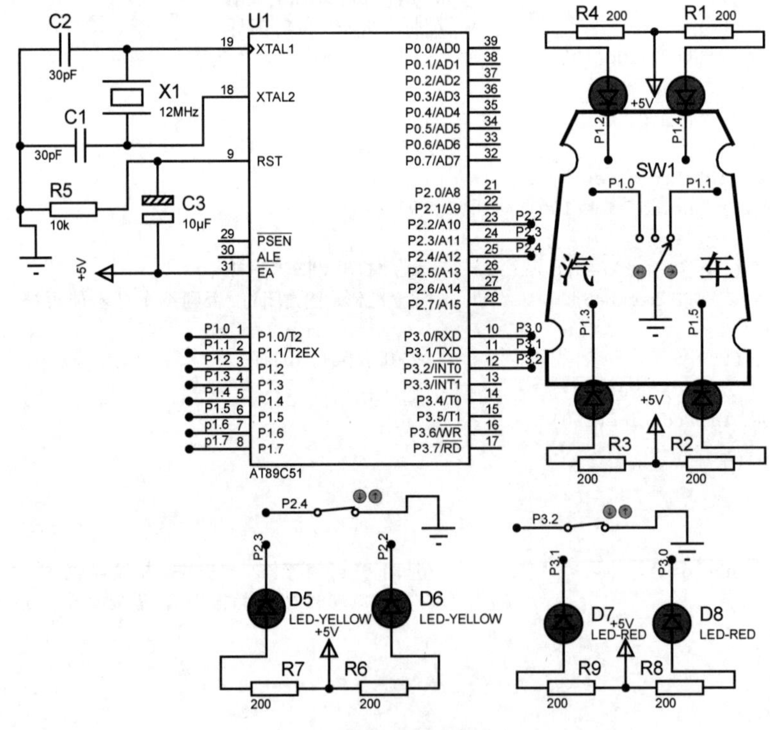

图 3-5 故障灯、倒车灯控制

在图 3-5 中，两个故障灯分别由 P2.2、P2.3 引脚驱动控制其亮灭，两个倒车灯分别由 P3.0、P3.1 引脚驱动控制其亮灭。两个左转向灯分别由 P1.0、P1.3 引脚驱动控制其亮灭，两个右转向灯分别由 P1.1、P1.5 引脚驱动控制其亮灭。使用微控制器的 P2.4 引脚连接倒车灯控制开关，使用 P3.2 引脚连接故障灯控制开关。汽车左右转向灯控制由三向开关控制。参考程序如下：

```
#include <reg51.h>
Sbit broken = P2^4;                //故障灯控制开关,常亮
sbit back = P3^2;                  //倒车灯控制开关,闪烁
void delay(unsigned char com)
{
    unsigned char i,j,k;
    for(i = 5;i > 0;i--)
      for(j = 132;j > 0;j--)
        for(k = com;k > 0;k--);
}

main(void){
    unsigned char dat;
    while(1){
        broken = 1;
        P1 = 0xff;                 //第二次循环开始控制左转向灯和右转向灯灭掉,形成闪烁
        P3 = 0xff;                 //第二次循环开始控制倒车灯灭掉,形成闪烁
        //P2 = 0xff;               //故障灯常亮,不要闪烁,所以不能灭掉,除非开关断开灭掉
        delay(100);                //灭一段时间
        dat = P1&0x03;             //按位逻辑与,判断 P1.0、P1.1
        if(dat == 1)P1 = 0xcf;
        //若 P1.1 = 0,即 P1 = 0000 0001,P1.4 = P1.5 = 0,右转向灯亮即 P1 = 11001111
        if(dat == 2)P1 = 0xf3;
        //若 P1.0 = 0,即 P1 = 0000 0010,P1.2 = P1.3 = 0,左转向灯亮即 P1 = 11110011
        if(broken == 0){P2 = 0xf3;} else P2 = 0xff;
        //若 P2.4 为 0,则故障灯常亮,即设置 P2 为 11110011
        //此处必须控制,若开关断开后,灯要灭掉
        if(back == 0)P3 = 0xfc;    //倒车灯亮,闪烁  11111100
        delay(100);                //控制灯亮一段时间
    }
}
```

3.3.6 案例分析

按照第二种案例程序实现方法，程序实现中，3 种汽车灯的控制开关都是直接接地，如果合上则开关连接的微控制器 I/O 接口引脚状态变为 0，表明开启相应的灯光控制。初始时汽车灯全灭，通过将汽车灯引脚置为高电平灭掉灯，并延时一段时间。

```
broken = 1;
P1 = 0xff;
P3 = 0xff;
delay(100);
```

然后判断左转向灯和右转向灯的控制开关是否合上，截取 P1 的最低 2 位的二进制数据(P1&0x03)值即可分析转向方向。P1 的最低 2 位为 1，即 P1.1 为 0，右转向灯开关合上，立即将 P1.1、P1.5 引脚置为 0，即可点亮右转向灯。同理，P1 的最低 2 位为 2，即 P1.0 为 0，左转向灯开关合上，立即将 P1.2、P1.3 引脚置为 0，即可点亮左转向灯。

倒车灯控制开关的状态由 if(back==0)来判断，如果合上，则设置 P3=0xfc，即将 P3.0、P3.1 引脚置为 0，即可点亮倒车灯。

故障灯控制开关的状态由 if(broken==0)来判断，如果合上，则设置 P2=0xf3，即将 P2.2、P2.3 引脚置为 0，即可点亮故障灯。如果故障灯控制开关断开，则设置 P2=0xff，必须控制故障灯灭掉。

3 种汽车灯的控制逻辑代码执行一遍之后，延时一段时间，从而实现转向灯和倒车灯的一次亮灭变化。由于控制逻辑代码是无限循环执行，故而可以实现转向灯和倒车灯的周期性亮灭变化，即闪烁效果。

另外，3 种汽车灯的控制互不干扰，而且故障灯开启后状态不应闪烁，而应处于常亮的状态，所以在故障灯控制中，通过“if(broken==0){P2=0xf3;} else P2=0xff;”实现故障灯开关断开后立即熄灯，从而不出现闪烁的效果。

3.4 I/O 接口应用

3.4.1 案例概述

通过 8051 系列微控制器编程实现如下的 32 个 LED 灯的显示效果：

(1) 从 L1～L32 按序轮流点亮一个 LED，然后熄灭。每个 LED 灯亮时间约 150ms。

(2) 在全部灯灭的情况下，按序依次从 L32～L1 点亮每个 LED，每个灯亮间隔 150ms。即点亮 L32，150ms 后再点亮 L31，依次按顺序点亮其他灯，最后点亮 L1，直到灯全部被点亮。

(3) 在全部灯亮的情况下，从 L1～L32 依次熄灭 LED，熄灭 L1，延时 150ms，然后熄灭 L2，延时 150ms，依次按顺序熄灭其他灯，最后熄灭 L32，最终全部灯被熄灭。

重复上述过程。

3.4.2 要求

(1) 学习微控制器 I/O 接口结构特点及相关寄存器的使用方法；

(2) 掌握一个简单具体的微控制器项目的开发流程；

(3) 熟悉 Proteus ISIS 软件及使用方法。

3.4.3 知识点

8051 系列微控制器的并行 I/O 接口、I/O 接口的结构和特殊功能寄存器的用法。

3.4.4 电路原理图

案例控制电路如图 3-6 所示，在微控制器的 4 个 I/O 接口 P1、P0、P3 和 P2 的 32 个引脚上按顺序分别接一个 LED 灯，灯采用灌电流连接方式连接。限流电阻阻值不宜太大，阻值设定为 200Ω，否则 LED 灯不亮。

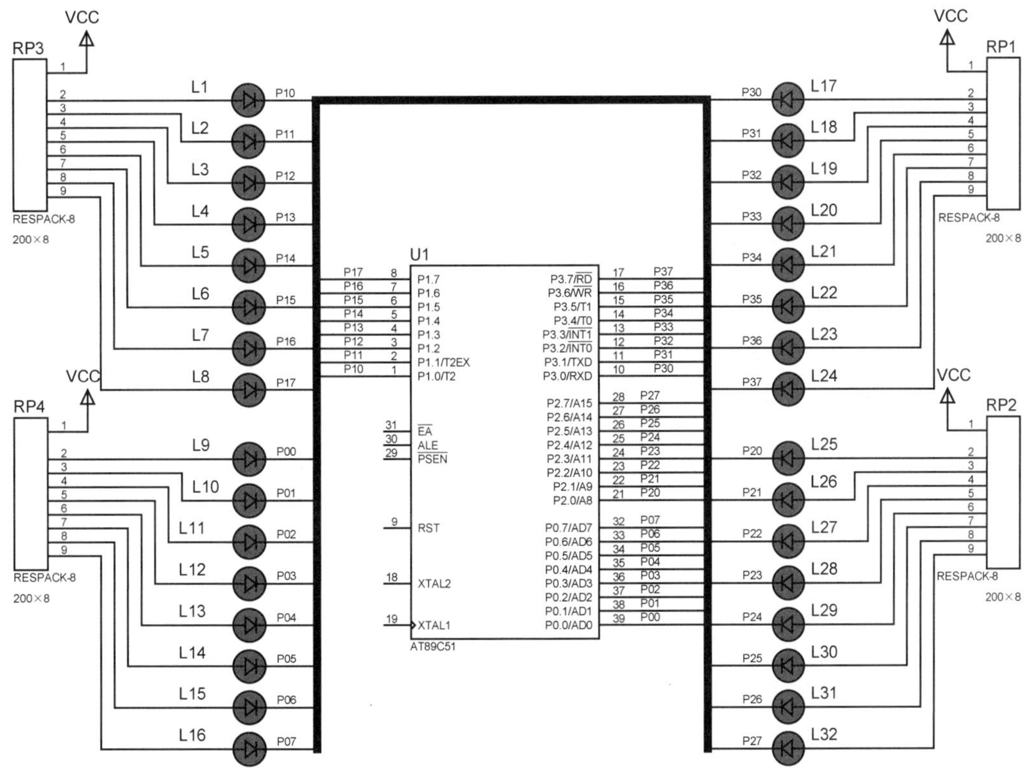

图 3-6　I/O 接口应用电路图

3.4.5　案例应用程序

1. 循环移位控制方法

通过循环移位控制 LED 灯的亮灭，代码如下：

```
#include <reg51.h>
void Delay()
{
    unsigned char i,j;
    for(i = 0;i < 255;i++)
    for(j = 0;j < 255;j++);
}

void main()
{
    unsigned char i;
    P1 = 0xff;
    P0 = 0xff;
    P3 = 0xff;
    P2 = 0xff;
```

```
while(1)
{
    //1
    for(i = 0; i < 8; i++)
    {
        P1 = P1 - (0x01 << i);
        Delay();
    }
    P1 = 0xff;
    for(i = 0; i < 8; i++)
    {
        P0 = P0 - (0x01 << i);
        Delay();
    }
    P0 = 0xff;
    for(i = 0; i < 8; i++)
    {
        P3 = P3 - (0x01 << i);
        Delay();
    }
    P3 = 0xff;
    for(i = 0; i < 8; i++)
    {
        P2 = P2 - (0x01 << i);
        Delay();
    }
    P2 = 0xff;

    //2
    for(i = 0; i < 8; i++)
    {
        P2 = 0x7f >> i;                //按位右移,i = 1,P2 = 00111111. i = 2,P2 = 00011111
        Delay();
    }
    for(i = 0; i < 8; i++)
    {
        P3 = 0x7f >> i;
        Delay();
    }
    for(i = 0; i < 8; i++)
    {
        P0 = 0x7f >> i;
        Delay();
    }
    for(i = 0; i < 8; i++)
    {
        P1 = 0x7f >> i;
        Delay();
    }

    //3
```

```
        for(i = 0; i < 8; i++)
        {
            P1 = P1|(0x01 << i);         //按位或,如 00000000|00000001、00000001|00000010 =
                                         //00000011  …
            Delay();
        }

        for(i = 0; i < 8; i++)
        {
            P0 = P0|(0x01 << i);
            Delay();
        }

        for(i = 0; i < 8; i++)
        {
            P3 = P3|(0x01 << i);
            Delay();
        }

        for(i = 0; i < 8; i++)
        {
            P2 = P2|(0x01 << i);
            Delay();
        }
    }
}
```

2. 定义数组数据控制方法

通过定义数组数据控制 LED 灯亮灭,代码如下:

```
#include <reg51.h>
unsigned char code tab1[] = {0xfe,0xfd,0xfb,0xf7,0xef,0xdf,0xbf,0x7f,0xff};  //左移单个
                                                                            //点亮
unsigned char code tab2[] = {0x7f,0x3f,0x1f,0x0f,0x07,0x03,0x01,0x00};  //右移逐个点亮
unsigned char code tab3[] = {0x01,0x03,0x07,0x0f,0x1f,0x3f,0x7f,0xff};  //左移逐个熄灭

void Delay()
{
    unsigned char i,j;
    for(i = 0;i < 255;i++)
    for(j = 0;j < 255;j++);
}

void main()
{
    unsigned char i;
    while(1)
    {
       //左移单个点亮
        for(i = 0;i < 9;i++)
        {
            P1 = tab1[i];             //单个点亮 L1~L8,0xfe = 11111110、0xfd = 11111101
            Delay();
        }
```

```
for(i = 0;i < 9;i++)
{
    P0 = tab1[i];               //单个点亮 L9～L16 ,0xfe = 11111110、0xfd = 11111101
    Delay();
}
for(i = 0;i < 9;i++)
{
    P3 = tab1[i];               //单个点亮 L17～L24
    Delay();
}
for(i = 0;i < 9;i++)
{
    P2 = tab1[i];               //单个点亮 L25～L32
    Delay();
}
//右移逐个点亮,最后全亮
for(i = 0;i < 8;i++)
{
    P2 = tab2[i];               //逐个点亮 L32～L25,0x7f = 01111111
                                //最后一个是 0x00,P2 = 0x00,保持不变.8 次循环后退出
    Delay();
}
for(i = 0;i < 8;i++)
{
    P3 = tab2[i];               //逐个点亮 L24～L17
    Delay();
}
for(i = 0;i < 8;i++)
{
    P0 = tab2[i];               //逐个点亮 L16～L9
    Delay();
}
for(i = 0;i < 8;i++)
{
    P1 = tab2[i];               //逐个点亮 L8～L1
    Delay();
}
//左移逐个熄灭
for(i = 0;i < 8;i++)
{
    P1 = tab3[i];               //逐个熄灭 L1～L8,0x01 = 00000001、0x03 = 00000011
    Delay();
}
for(i = 0;i < 8;i++)
{
    P0 = tab3[i];               //逐个熄灭 L9～L16
    Delay();
}
for(i = 0;i < 8;i++)
{
    P3 = tab3[i];               //逐个熄灭 L17～L24
    Delay();
}
for(i = 0;i < 8;i++)
```

```
        {
            P2 = tab3[i];          //逐个熄灭 L25～L32
            Delay();
        }
    }
}
```

3.4.6 案例分析

循环移位方法的程序分析如下：

(1) 实现从 L1～L32 按序轮流点亮一个 LED,然后熄灭。

初始时,32 个 LED 灯全灭,即将 I/O 接口 P1、P0、P3 和 P2 的 32 个引脚全部设置为高电平。要实现 32 个 LED 灯逐个轮流点亮,将每个 I/O 接口的 8 位二进制状态值按顺序逐个置为 0 即可。以 P1 为例,实现语句如下：

```
for(i = 0; i < 8; i++)
        {
            P1 = P1 - (0x01 << i);
            Delay();
        }
```

其中,语句 P1＝P1－(0x01≪i)在 8 次循环执行过程中,P1 的状态值分别为 11111110、11111100、…、00000000。经过 8 次循环后再将 P1 的值置为 0xff,为下次轮流点亮做准备。

(2) 在灯全部灭的情况下,实现按照顺序 L32～L1 依次点亮每个 LED,直到点亮全部灯结束。

初始时,32 个 LED 灯全灭,要实现按顺序依次从 L32～L1 点亮每个 LED,通过将每个 I/O 接口的 8 位二进制状态值按顺序依次置为 0 即可依次点亮每个 LED 灯。以 P1 为例,实现语句如下：

```
for(i = 0; i < 8; i++)
        {
            P2 = P2 & (0x7f >> i);
            Delay();
        }
```

其中,语句 P2＝P2&(0x7f≫i) 在 8 次循环执行过程中,P2 的状态值分别为 01111111、01111110、…、00000000。

(3) 在全部灯亮的情况下,要实现从 L1～L32 依次熄灭 LED,最后全部灯被熄灭。

由于前边的程序运行后,P1、P0、P3 和 P2 的值都为全 0,32 个灯处于全亮状态。通过将每个 I/O 接口的 8 位二进制状态值按顺序依次置为 1 即可依次熄灭每个 LED 灯。以 P1 为例,实现语句如下：

```
for(i = 0;i < 8;i++)
        {
            P1 = P1|(0x01 << i);
            Delay();
        }
```

其中，语句 P1＝P1|(0x01≪i) 在 8 次循环执行过程中，P1 的状态值分别为 00000001、00000011、…、11111111。

3.5 汇编指令

3.5.1 案例概述

通过 8051 系列微控制器控制实现功能：每按下一次按钮，计数值加 1，通过微控制器的 P2.0～P2.3 引脚连接的 LED 灯显示出其对应的二进制计数值，引脚低电平控制 LED 灯亮。

3.5.2 要求

(1) 熟悉 ISIS 模块的汇编程序编辑、编译与调试过程；

(2) 完成实验的汇编语言程序的设计与编译；

(3) 练习 ISIS 汇编程序调试方法，并最终实现实验的预期功能。

3.5.3 知识点

8051 微控制器的汇编指令语法、汇编应用程序设计、调试方法。

3.5.4 电路原理图

案例原理图如图 3-7 所示，图中输入电路由外接在 P1.3 引脚的 1 个按钮(but)组成；输出电路由外接在 P2 口的 8 只低电平驱动的发光二极管组成。此外，还包括时钟电路、复位电路和片选电路。

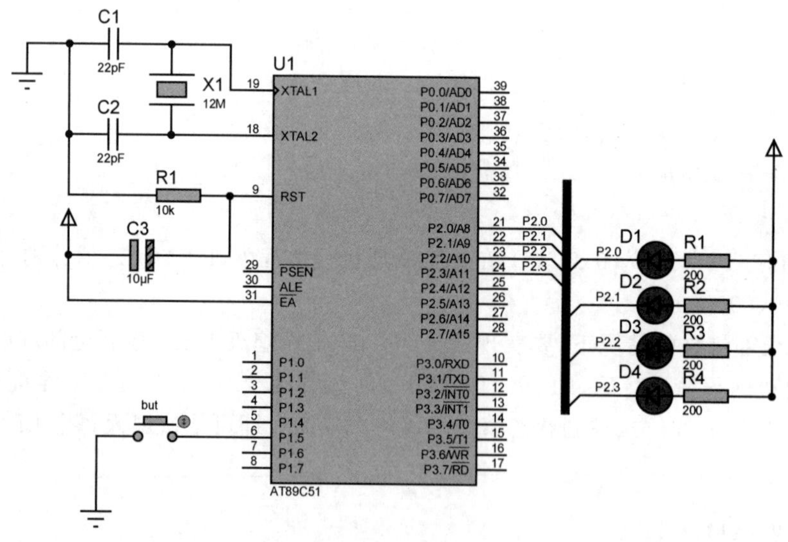

图 3-7 汇编指令实验原理图

3.5.5 案例应用程序

```
ORG 0100
Sbit   button = P1^5;
START: MOV R1, #00H          //R1 为 0,从 0 开始计数
MOV A, R1
CPL A                        //取反指令
MOV P2,A                     //送入 P1 口,由发光二极管显示
kkk: JB button,kkk           //判断 but 是否按下
LCALL DELAY50                //若 but 按下则延时 50ms
JB button,kkk                //消抖动,再判断 SP1 是否真的按下
INC R1                       //若确实按下则进行按键处理,即将计数内容加 1 后送入 P1 口
MOV A,R1 ;
CPL A                        //发光二极管显示
MOV P2,A ;
JNB button, $                //等待 but 释放
SJMP kkk                     //继续对 but 扫描
DELAY50: MOV R3, #50         //延时 12.5ms
L1: MOV R4, #125
DJNZ R4, $
DJNZ R3,L1
RET
END
```

3.5.6 案例分析

关于按钮的消除抖动问题,程序通过间隔12.5ms时间连续两次判断按钮是否按下来实现。

```
kkk: JB button,kkk           //判断 but 是否按下
LCALL   DELAY50              //若 but 按下则延时 12.5ms
JB button,kkk                //消抖动,再判断 SP1 是否真的按下
```

另外,关于按键恶意按住不放的问题,程序实现方法如下:

```
JB button,kkk                //若 button = 1 则转移到标号 kkk,否则顺序执行下一条指令
JNB button, $                //若 button = 0 则转移到标号 kkk,否则顺序执行下一条指令
```

此时,指令判断按钮是否按下,如果是按下则跳转到$(本条指令的地址),即重复执行本条指令“JNB button, $”。如果判断按钮松开,则继续执行下一条指令。该指令作用相当于是等待按钮but释放才继续执行下一条指令。

程序编译调试方法:通过ISIS模块的汇编程序编辑、编译与调试工具,熟悉嵌入式微控制器的汇编语言的基本开发方法和仿真调试过程。首先单击ISIS主菜单“源代码”的“添加/移除源代码”命令,结果如图3-8所示。

如果已有程序文件,则单击“更改”按钮,找到程序文件所在的位置并选择,之后单击“确定”按钮。如果没有程序文件,则单击“新建”按钮,建立一个文件类型为.ASM的文件,单击“打开”按钮,再单击“确定”按钮。接着单击“源代码”按钮,可以在框中看到程序文件,双击可打开编辑(注意:这里的程序文件只能是一个,否则编译的时候不知道是哪个)。

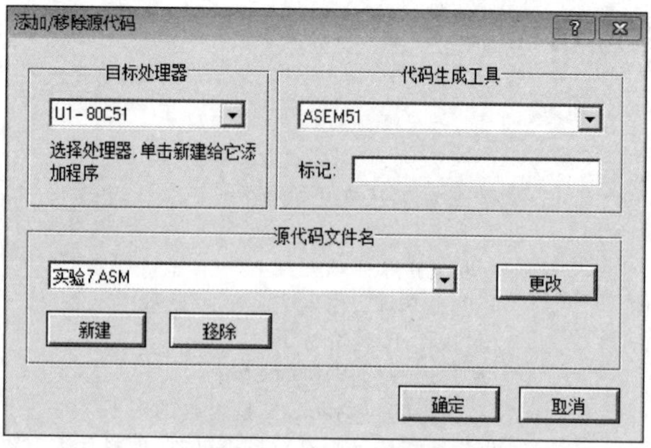

添加/移除源代码
目标处理器
U1-80C51
选择处理器,单击新建给它添加程序
代码生成工具
ASEM51
标记:
源代码文件名
实验7.ASM
更改
新建
移除
确定
取消

图 3-8　添加/移除源代码

建立源文件之后可以单击 ISIS 主菜单“源代码”的“全部编译”命令进行程序编译，在弹出的对话框中可以看到自己的代码是否有误。接着可以单击 ISIS 主菜单“调试”的“开始/重新启动调试”命令进行程序调试，同时可以打开“调试”菜单的最后 5 项，以便通过 Watch Window、Registers、SFR Memory、Internal(IDATA)Memory、Source Code 窗口观察分析程序执行的结果，如图 3-9 所示。

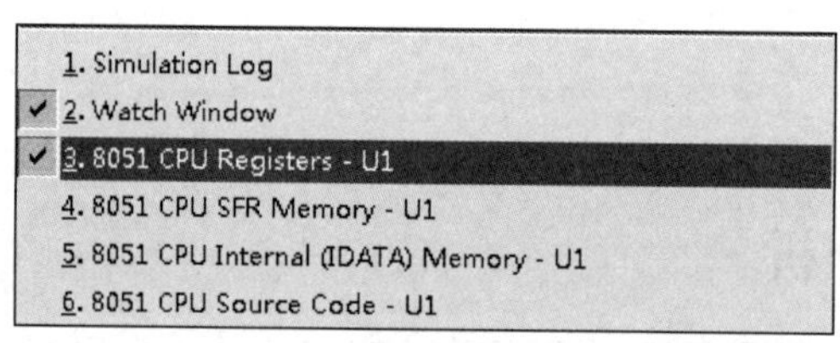

图 3-9　“调试”菜单的最后 5 项

在 Source Code 代码调试窗口中选择“单步越过命令行”按钮，即单步执行程序，可一步一步观察程序的运行结果，并进行逻辑功能分析，如图 3-10 所示。

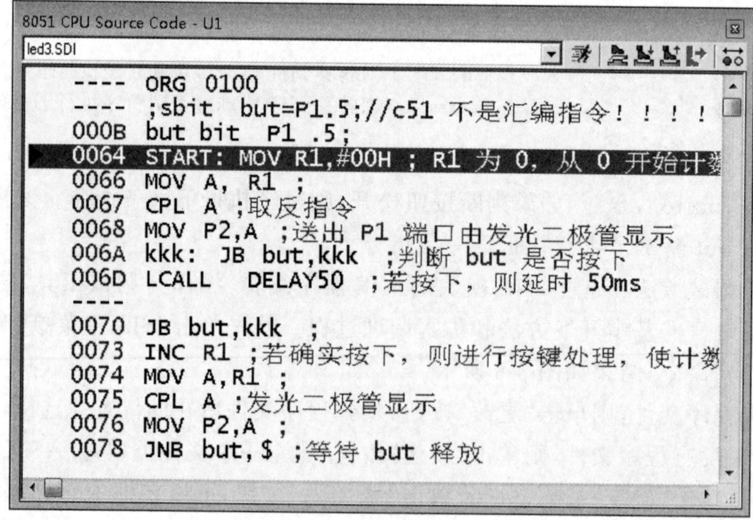

图 3-10　代码调试窗口

3.6　键盘接口应用

3.6.1　案例概述

通过 8051 系列微控制器编程编写 4×4 矩阵键盘按键扫描程序。按下任意键时，数码管会显示该键的序号。

3.6.2　要求

掌握微控制器控制行列式矩阵键盘的方法、接口电路设计和按键扫描应用程序设计。

3.6.3　知识点

行列式矩阵键盘原理、按键识别方法和应用程序开发。

3.6.4　电路原理图

1. 程序查询法

电路如图 3-11 所示。

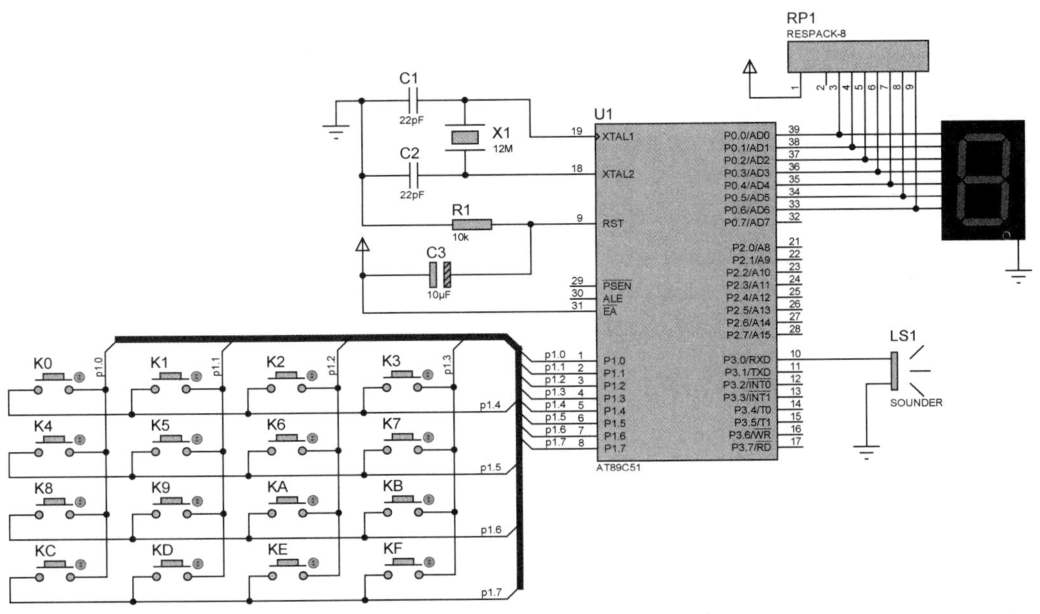

图 3-11　程序查询键盘接口电路图

案例电路图中，微控制器的 P1 口的高 4 位控制行列键盘的行信号，P1 口的低 4 位控制行列键盘的列信号。每一水平线(行线)与垂直线(列线)的交叉处接一个按键，由按键控制是否连通。利用这种行列矩阵结构，只需 4 个行线和 4 个列线即可组成 4×4 个按键的键盘。

另外，P0 口连接一个七段共阴极数码管，以便实时显示当前按下的按键序号。蜂鸣器直接用 P3.0 引脚的高电平驱动，以便提示当前有新的按键按下。

2. 程序中断扫描法

电路如图 3-12 所示，微控制器的 P1 口的高 4 位控制行列键盘的行信号，P1 口的低 4 位控制行列键盘的列信号。每一水平线（行线）与垂直线（列线）的交叉处接一个按键，由按键控制是否连通。另外，矩阵键盘的 4 个行信号引脚输入到一个与门，与门的输出连接到外部中断 1 的输入引脚 P3.3。

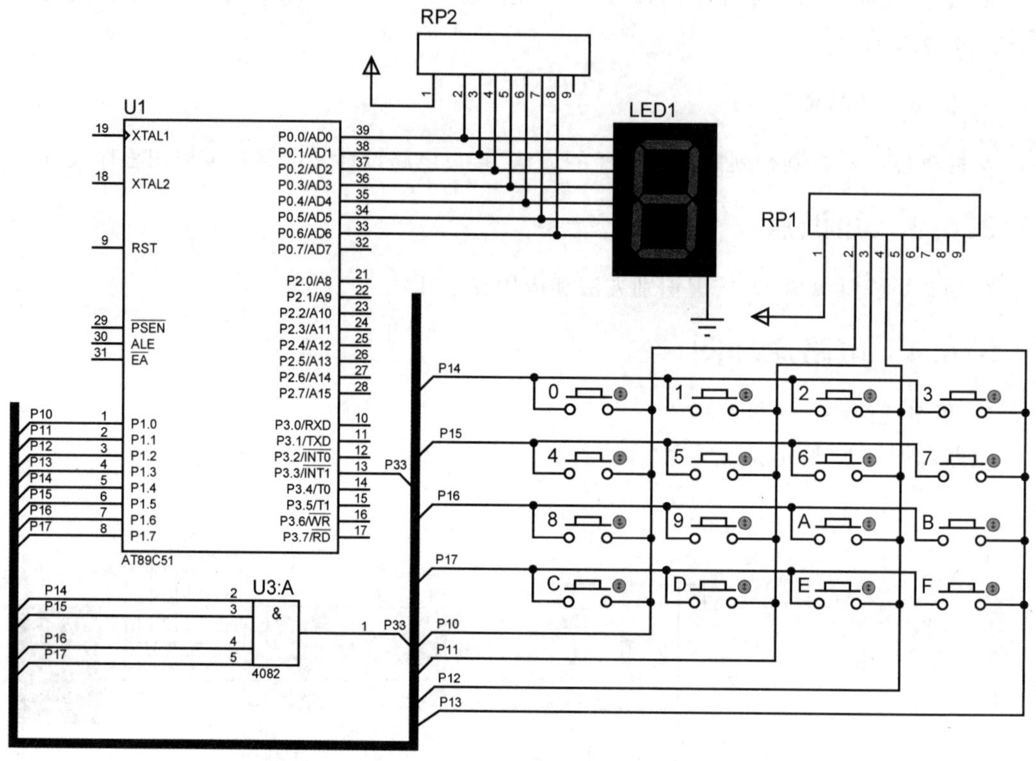

图 3-12　中断扫描键盘接口电路图

3.6.5 案例应用程序

为了减少键盘与微控制器接口时所占用 I/O 接口线的数目，在键数较多时，通常都将键盘排列成行列矩阵式。微控制器对按键的识别方法有以下两种方式：程序控制扫描方式（即利用程序连续地对键盘进行扫描）和中断扫描方式（即按键按下引起中断，然后微控制器对键盘进行扫描。该方法能够有效提高 CPU 的效率）。

1. 程序控制扫描方式

该方法通过 CPU 执行程序连续地对键盘进行扫描，以便查询按键是否按下并识别键号。

当按下任意一个按键时，键盘扫描程序首先判断按键发生在哪一列，然后根据所发生的行附加不同的值，从而得到按键的序号。实现代码如下所示：

```
#include <reg51.h>
#define uchar unsigned char
#define uint unsigned int
```

```
uchar code led[ ] = {0xc0,0xf9,0xa4,0xb0,0x99,0x92,0x82,0xf8,0x80,0x90,0x88,0x83,0xc6,0xa1,
0x86,0x8e,0x00};
sbit BEEP = P3^0;
uchar oldKeyNo = 16,newKeyNo = 16;

void DelayMS(uint ms)
{
    uchar t;
    while(ms--)
    {
        for(t = 0;t < 120;t++);
    }
}

void Key()
{
    uchar T;
    P1 = 0x0f;
    DelayMS(1);
    T = P1 ^ 0x0f;
    switch(T)                    //求列号
    {
        case 1: newKeyNo = 0; break;
        case 2: newKeyNo = 1; break;
        case 4: newKeyNo = 2; break;
        case 8: newKeyNo = 3; break;
        default: newKeyNo = 16;
    }
    P1 = 0xf0;
    DelayMS(1);
    T = P1 >> 4 ^ 0x0f;
    switch(T)
    {
        case 1: newKeyNo += 0; break;
        case 2: newKeyNo += 4; break;
        case 4: newKeyNo += 8; break;
        case 8: newKeyNo += 12;
    }
}

void Beep()                      //蜂鸣器
{
    uchar i;
    for(i = 0;i < 100;i++)
    {
        DelayMS(1);
        BEEP = ~BEEP;
    }
    BEEP = 0;
}
```

```
void main()
{
    P0 = 0x00;
    while(1)
    {
        P1 = 0xf0;
        if(P1 != 0xf0)
            Key();
        if(oldKeyNo != newKeyNo)
        {
            P0  = ~led[newKeyNo];
            Beep();
            oldKeyNo = newKeyNo;
        }
        DelayMS(100);
    }
}
```

2. 中断扫描方法

```
#include <reg51.h>
#define uchar unsigned char
#define uint unsigned int
char led_mod[] = {0x3f,0x06,0x5b,0x4f,0x66,0x6d,0x7d,0x07,0x7f,0x6f,0x77,0x7c,0x58,0x5e,
0x79,0x71};
//数码管段码

uchar oldKeyNo = 16,newKeyNo = 16;

void DelayMS(uint x)
{
    uchar i;
    while(x-- ) for(i = 0;i < 120;i++);
}

//外部中断 1 的中断函数
void Key() interrupt 2{
    uchar Tmp;
    P1 = 0x0f;                  //P1 高 4 位的行置 0,  低 4 位的 4 列置 1
    DelayMS(1);
    Tmp = P1^0x0f;              //是异或运算符
    //求列号
    switch(Tmp)
    {
        case 1:newKeyNo = 0;break;
        case 2:newKeyNo = 1;break;
        case 4:newKeyNo = 2;break;
        case 8:newKeyNo = 3;break;
        default:newKeyNo = 16;
    }
```

```
P1 = 0xf0;                //低 4 位的 4 列置 0,高 4 位的 4 行置 1
DelayMS(1);
Tmp = P1 >> 4^0x0f;

//求行号
switch(Tmp)               //对 0～3 行分别附加起始值 0,4,8,12
{
    case 1:newKeyNo += 0;break;
    case 2:newKeyNo += 4;break;
    case 4:newKeyNo += 8;break;
    case 8:newKeyNo += 12;
}

//数码管显示键号
if(oldKeyNo!= newKeyNo)
    {
        P0 = led_mod[newKeyNo];
        oldKeyNo = newKeyNo;
    }
    DelayMS(100);
}

void main(void) {
   P0 = 0x00;
   IT1 = 1;
   EX1 = 1;
   EA = 1;
   P1 = 0xf0;
   while(1);
}
```

3.6.6 案例分析

1. 程序控制扫描方式

按下任意键时,数码管都会显示其键序号,扫描程序首先判断按键发生在哪一列,然后根据所发生的行附加不同的值,从而得到按键的序号。假设按键 5 按下,获取键号 5 的方法如下:

第一步,求列号。

按照该方法,先将键盘 4 个行引脚状态全设置为 0,4 个列引脚状态全设置为 1,通过设置 P1=0x0f 实现。延时一段时间后,再次读取 P1 的低 4 位的状态值。然后根据低 4 位的值得到按键的列号。关键代码如下:

```
P1 = 0x0f;
DelayMS(1);
T = P1 ^ 0x0f;
```

例如,按下一个键后 P1 的状态值 0x0f 变成 0000xxxxB,低 4 位 xxxx 中一个为 0,3 个仍为 1,通过异或把 3 个 1 变为 0,唯一的 0 变为 1。比如序号 5 的键被按下后,P1.1=0,即

P1=00001101。故 T=P1^0x0f=2,再按照二进制序号,获得当前按键 5 的列号 KeyNo=1。如果无按键按下,则当前按键的序号变量 KeyNo=16,即无效键号。

```
case 1:KeyNo = 0;break;
case 2:KeyNo = 1;break;
case 4:KeyNo = 2;break;
case 8:KeyNo = 3;break;
default:KeyNo = 16;            //无键按下
```

第二步,求行号。

先将键盘 4 个行引脚状态全设置为 1,4 个列引脚状态全设置为 0,即通过设置 P1=0x0f0 实现。延时一段时间后,再次读取 P1 的高 4 位的状态值,然后根据低 4 位的值得到按键的列号。关键代码如下:

```
P1 = 0x0f0;
DelayMS(1);
T = P1 >> 4 ^ 0x0f;
```

例如,按下一个键后 P1 的状态值 0x0f0 变成 xxxx0000,高 4 位 xxxx 中有一个为 0,3 个仍为 1;为了便于计算,再将高 4 位转移到低 4 位,并由异或操作得到改变的值。比如按键 5 被按下后,P1.5=0,即 P1=11010000,故 T=P1 >> 4^0x0f=2,即当前按键 5 的行号是 2。

第三步,求键值。

通过前面获得按键的行号之后,可以根据不同的行号对第一步得到的列号加一个附加码,从而计算出当前按键的键号。按照矩阵键盘的排列序号,第 0 ～ 3 行分别添加的附加码值分别为 0,4,8,12。关键代码如下:

```
switch(T)
    {
        case 1: newKeyNo += 0; break;
        case 2: newKeyNo += 4; break;
        case 4: newKeyNo += 8; break;
        case 8: newKeyNo += 12;
    }
```

例如,按键 5 被按下后,P1.5=0,即 P1=11010000,再将高 4 位转移到低 4 位变量 T=P1 >> 4^0x0f=2,即行号为 2,最终按键 5 的键值为 KeyNo+4 即 5。

2. 中断扫描方式

本方式在程序控制扫描方式的基础上做了改进,即将中断技术引入按键扫描过程中,即只有当有按键被按下后,才引起外部中断,触发微控制器对键盘进行扫描并获取键号,否则微控制器执行其他程序,相当于键盘不存在。中断扫描键盘可以有效提升微控制器中 CPU 的利用率。具体如下:

主程序初始化外部中断 INT1 之后,再将键盘的 4 个行信号引脚全部设置为 1,键盘的 4 个列信号引脚全部设置为 0,即 P1=0xf0。

如果有键按下,则该按键所在的行信号变为 0,4 个行信号输入与门,与门输出低电平送至外部中断 1 的输入引脚 P3.3,触发外部中断 1。此时暂停主程序,转而执行外部中断 1 的服务程序。通过将程序控制扫描获取键值的代码放在中断服务程序中，每次触发一次外部中断 1，就可以获取一个最新的按键的键值并送数码管显示。

没有按键按下的时候，4 个行信号引脚与 4 个列信号引脚全部断开。4 个行信号状态保持 1111，与门输出高电平送至外部中断 1 的输入引脚 P3.3，不会触发外部中断 1。这样可大大减少无按键按下时按键扫描程序耗费的 CPU 的时间。

3.7　74LS244 的应用

3.7.1　案例概述

8051 系列微控制器通过扩展的三态缓冲器 74LS244 读取 8 个开关断开的状态，并统计断开的个数并送数码管显示。

3.7.2　要求

掌握利用缓冲器来扩展微控制器的输出引脚的方法。

3.7.3　知识点

三态缓冲器 74LS244 的硬件特点、接口设计和应用编程。

3.7.4　电路原理图

案例电路原理图如图 3-13 所示。

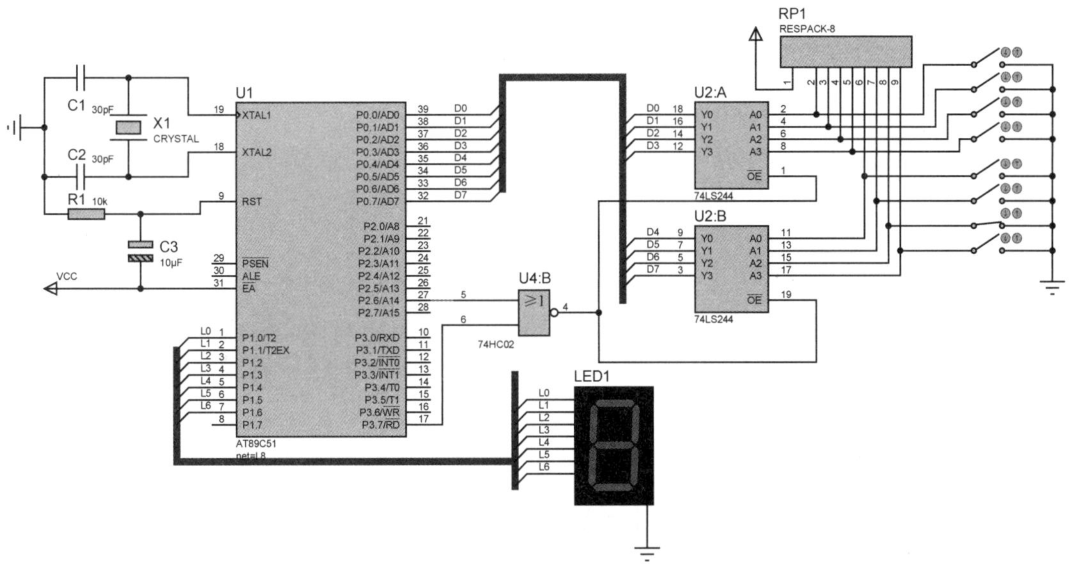

图 3-13　74LS244 应用电路图

74LS244 是一种三态输出的 8 总线缓冲驱动器，无锁存功能，当 $\overline{OE}$ 为低电平时，输入到引脚 Ai 的信号传送到输出引脚 Yi；当 $\overline{OE}$ 为高电平时，Yi 处于禁止高阻状态。Proteus

中的 74LS244 是 4 位输出。

本案例利用 74LS244 作为输入口，读取 8 个开关状态，并将此状态通过 74LS244 输入到微控制器，由微控制器处理后送数码管显示开关的断开个数。

3.7.5 案例应用程序

```
#include <reg51.h>
#include <absacc.h>
#define a74ls244 XBYTE[0xBFFF]        //定义 74LS244 的外部 RAM 地址
unsigned char code LED[ ] = {0xc0,0xf9,0xa4,0xb0,0x99,0x92,0x82,0xf8,0x80,0x90,0x88}; //共阳
                                      //极数码管的段码表
//计算变量中为 1 的个数
unsigned char jisuan(unsigned char k)
{
  unsigned char sss = 0;
  while(k)                            //P0 获取的开关状态的实时值,不为 0 就计算
  {
    if(k % 2 == 1)
    sss++;
    k/ = 2;
   }
   return sss;
}

int main(void)
{
  unsigned char i,ccc,t;
  P1 = ~LED[0];                       //初始时显示 0
  while(1)
  {
     for(i = 0;i < 250;i++)           //延时
     {
     }
     t = P0;                          //读取 74LS244 的端口的状态
     ccc = jisuan(t);                 //计算 1 的个数,即断开关的个数
     P1 = ~LED[ccc];                  //得到有几位拨码开关断开,并查表得到段码输出显示
  }
}
```

3.7.6 案例分析

将三态缓冲器 74LS244 作为微控制器的外部 RAM 设备，设置它的外部 RAM 地址，对该地址单元读入数据，以便获取 8 个开关的闭合断开状态的数据。

案例中，微控制器的读信号 $\overline{RD}$ 和 P2.6 配合，即二者输入到或非门 74HC02，或非门输出作为 74LS244 的 $\overline{OE}$ 信号，从而选中 74LS244 工作，再通过此 74HC273 输出数据的段码实现显示。两片 74LS244 的使能端 OE 都接或非门 74HC02 的输出端，即两片 74LS244 的端口地址相同，可被微控制器同时选中，74LS244 每个输入端 Ai 分别连接一个开关。拨动

开关,观察数码管的变化。

案例中将 74LS244 的外部 RAM 地址 0x7fff=01111111 B,即 P2.6=1。P2.6 与读信号 $\overline{\text{RD}}$(P3.7)送到或非门 74HC02 的输入端,或非门的输出为 0,送到 74LS244 的 $\overline{\text{OE}}$,使之工作。74LS244 读取 8 个开关的断开状态,通过 P0 口送入微控制器内部分析计算,从而将 8 个开关中处于断开状态的个数显示在数码管上。

3.8 74LS138 译码器的应用

3.8.1 案例概述

通过 8051 系列微控制器 I/O 接口控制 74LS138 译码器的输出信号变化,并控制 P1 连接的 8 个 LED 灯的流水亮灭。

3.8.2 要求

掌握利用 74LS138 译码器来扩展微控制器的输出引脚的方法。

3.8.3 知识点

74LS138 译码器的硬件特点、接口设计和应用编程。

3.8.4 电路原理图

案例控制电路如图 3-14 所示。

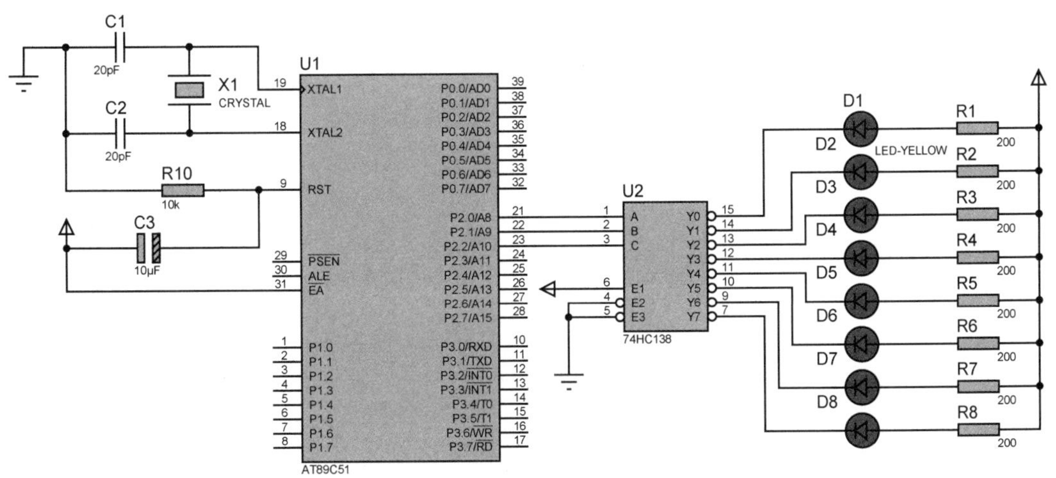

图 3-14 74LS138 译码器应用电路图

8 个 LED 灯通过灌电流连接方式连接在 74LS138 译码器的 8 个输出引脚 Y0~Y7 上,限流电阻阻值设定为 200Ω。原理图中 P2 口的 P2.0、P2.1、P2.2 引脚作为 74LS138 译码器的输入信号 ABC,微控制器通过 P2.0、P2.1 和 P2.2 输出的 8 种不同编码控制 74LS138 译码器的输出变化。3-8 译码器 74LS138 的真值表如表 3-1 所示。

表 3-1 74LS138 的真值表

E1	E2	E3	C	B	A	Y7 ～ Y0	有效输出
0	0	1	0	0	0	1 1 1 1 1 1 1 0	Y0
0	0	1	0	0	1	1 1 1 1 1 1 0 1	Y1
0	0	1	0	1	0	1 1 1 1 1 0 1 1	Y2
0	0	1	0	1	1	1 1 1 1 0 1 1 1	Y3
0	0	1	1	0	0	1 1 1 0 1 1 1 1	Y4
0	0	1	1	0	1	1 1 0 1 1 1 1 1	Y5
0	0	1	1	1	0	1 0 1 1 1 1 1 1	Y6
0	0	1	1	1	1	0 1 1 1 1 1 1 1	Y7

74LS138 译码器的输入地址信号 CBA 有 8 种编码，当一个选通端(E1)为高电平，另两个选通端(E2)和(E3)为低电平时，可根据输入端地址(CBA)的二进制编码控制输出端 Y0～Y7 对应的一个引脚以低电平译出。比如，当 CBA=110 时，Y6 输出端输出低电平信号。

3.8.5 案例应用程序

```
#include <REG51.H>
bit  Flg = 0;                               //T1 标志位
unsigned char ccc = 0;

void Timer1(void) interrupt 3 using 2       //定时器 1 中断处理函数
{
  ET1 = 0;                                  //关闭 T1 中断
  TH1 = 0x4C;
  TL1 = 0x00;                               //初始化定时器初值
  ET1 = 1;                                  //打开 T1 中断
  ccc++;

  if(ccc == 20)                             //定时 1s
  {
    Flg = 1;                                //定时器中断标志位置位
    ccc = 0;
  }
}

int main(void)
{
    TMOD = 0x10;                            //初始化 T1 工作方式 1
    TH1 = 0x4C;
    TL1 = 0x00;                             //初始化定时器值,50ms
    ET1 = 1;
    TR1 = 1;                                //启动 T1
    EA = 1;                                 //开中断
    P2 = 0;

    while(1)
    {
```

```
    while(Flg == 0);                    //1s 延时完成的标志位
    Flg = 0;
    P2 = (P2 + 1) % 8;                  //始终在 0～7 选择
    }
}
```

3.8.6 案例分析

案例代码中，主要有两个并行的函数：main()和 timer1()。主程序中，每隔 1s 就改变 I/O 接口 P2 的状态值，继而改变输入到 74LS138 译码器的输入信号 CBA 的值，最终改变 74LS138 译码器译码输出引脚的状态，因为只有一个输出引脚为低电平，故只有一盏灯亮。具体实现代码如下：

```
while(1)
    {
        while(Flg == 0);                //1s 延时完成的标志位
        Flg = 0;
        P2 = (P2 + 1) % 8;              //始终在 0～7 选择
    }
```

在定时器函数中，定时器硬件一次定时时间是 50ms，只有完成 20 次 50ms 的定时后，定时 1s 完成的标志变量 Flg 的值才设置为 1。主程序中就是通过变量 Flg 的值来判断 1s 定时是否完成。具体实现代码如下：

```
if(ccc  == 20)                          //定时 1s
  {
    Flg = 1;                            //定时器中断标志位置位
    ccc = 0;
  }
```

3.9 8255A 的应用

3.9.1 案例概述

8051 系列微控制器通过 8255A 的输出口 A、B、C 控制连接的 3 个 LED 数码管显示 120s。

3.9.2 要求

掌握利用 8255A 来扩展微控制器的并行输出引脚的方法。

3.9.3 知识点

8255A 的硬件原理、特点、接口设计和应用编程。

3.9.4 电路原理图

案例电路原理图如图 3-15 所示。

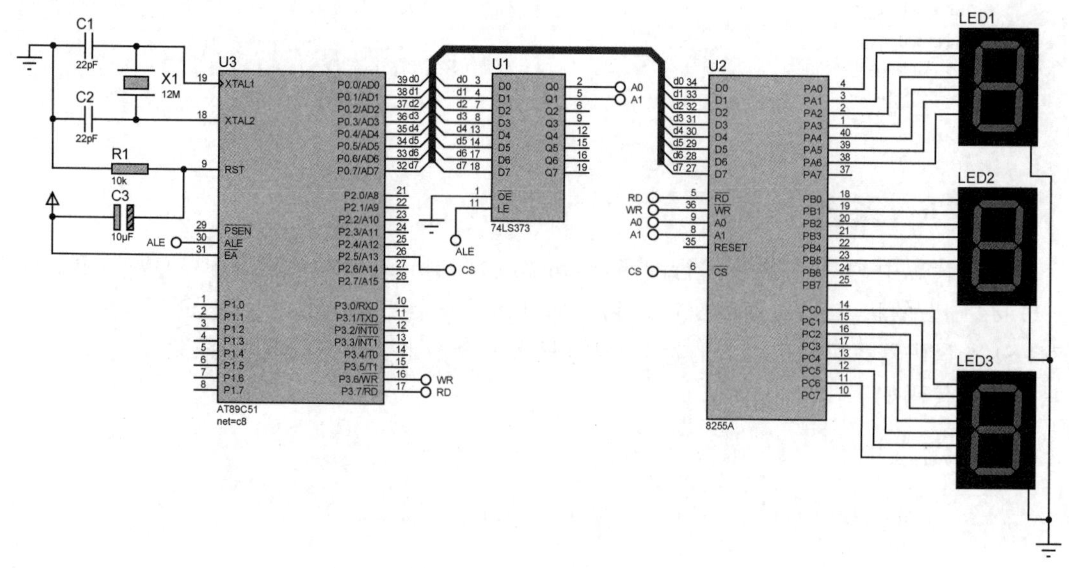

图 3-15 8255A 应用电路图

案例原理图中,采用 8255A 的 3 个输出端口 A、B、C 分别连接一个数码管,以便分别驱动数码管显示不同的内容。微控制器的 P0 口连接双向缓冲锁存器 74LS373 的 8 个输入引脚,微控制器就可通过 74LS373 来驱动 8255A(即微控制器通过 74LS373 向 8255A 发送地址信号,P0 的输出数据信号直接输出到 8255A 的数据输入端 D0~D7)。微控制器可以分别选中 8255A 的某一个输出口工作,再通过此输出口输出段码驱动一个数码管显示。微控制器的读、写控制信号 $\overline{RD}$、$\overline{WR}$ 分别连接 8255A 的 $\overline{RD}$、$\overline{WR}$。锁存器 74LS373 的输出 Q0、Q1 分别连接 8255A 的地址输入端 A0、A1 引脚。微控制器通过 P2.5 引脚控制 8255A 的片选信号引脚 $\overline{CS}$。

74LS373 是带有三态门的 8D 锁存器,当使能信号线 $\overline{OE}$ 为低电平时,三态门处于导通状态,允许 D0~D7 输出到 Q0~Q7,当 $\overline{OE}$ 端为高电平时,输出三态门断开,输出线处于浮空状态。LE 称为数据输入线,当 74LS373 用作地址锁存器时,首先应使三态门的使能信号 $\overline{OE}$ 为低电平,这时,当 LE 端输入端为高电平时,锁存器输出(Q0~Q7)状态和输入端(D0~D7)状态相同;当 LE 端从高电平返回到低电平(下降沿)时,输入端(D0~D7)的数据锁入 Q0~Q7 的 8 位锁存器中。

3.9.5 案例应用程序

```
#include <reg51.h>
#include <absacc.h>                          //外部内存空间宏定义
#define dA XBYTE[0xd000]                     //外部寄存器定义 A 端口
#define dB XBYTE[0xd001]                     //外部寄存器定义 B 端口
#define dC XBYTE[0xd002]                     //外部寄存器定义 C 端口
#define control XBYTE[0xd003]                //外部寄存器定义 8255A 的控制端口
unsigned char ccc = 0;                       //计数器
bit flg = 0;                                 //T0 标志位
unsigned char code LED[ ] = {0x3f,0x06,0x5b,0x4f,0x66,0x6d,0x7d,0x07,0x7f,0x6f};   //共阴极
```

```
                                        //数码管的段码表

void t1(void) interrupt 3 using 1       //定时器 1 中断处理函数
{
    ET1 = 0;                            //关闭中断
    TH1 = 0x3C;                         //设置定时器的初值
    TL1 = 0xB0;
    ET1 = 1;                            //打开 T1 中断
    ccc++;
    if(ccc == 20)                       //定时 1s 的控制
    {
     flg = 1;                           //定时器中断标志位置位
     ccc = 0;
    }
}

int main(void)
{
  unsigned char ttt = 0;
  TMOD = 0x10;                          //初始化 T1 工作在方式 1
  TH1 = 0x3C;
  TL1 = 0xB0;                           //50ms 定时初值
  ET1 = 1;                              //开启定时器 1 中断
  TR1 = 1;                              //启动定时器
  EA = 1;                               //开中断
  control = 0x80;                       //初始化 8255A 的工作方式

  while(1)
    {                                   //循环输出 0~9

      while(flg == 0);                  //判断 1s 定时时间是否完成
      flg = 0;
      ttt++;
      if(ttt > 120)                     //秒计数器最大值为 120
      {
        ttt = 0;                        //到 120s 则恢复到 0
      }
      dA = LED[ttt/100];                //送百位显示
      dB = LED[ttt/10 % 10];            //送十位显示
      dC = LED[ttt % 10];               //送个位显示
    }
}
```

3.9.6 案例分析

本案例通过 8051 系列微控制器 I/O 接口 P0 控制 8255A 的输出端口 A、B、C 信号变化，进一步控制 A、B、C 连接的 3 个 LED 数码管显示状态。

8255A 可编程外围接口芯片是 Intel 公司生产的通用并行接口芯片，它具有 A、B、C 3 个并行接口，用+5V 单电源供电，能在以下 3 种方式下工作：

方式 0,基本输入/输出方式。

方式 1,选通输入/输出方式。

方式 2,双向选通工作方式。

本实验中,8255A 端口 A、B、C 都工作在方式 0 并作为输出口,输出段码以便控制数码管的显示。

电路图中,将 8255A 作为微控制器的外部 RAM 设备,所以可以设置 8255A 的外部 RAM 地址。8255A 内部 4 个寄存器可定义 4 个 RAM 地址。本例中的 8255A 的外部 RAM 地址采用绝对宏 XBYTE 实现。因为 8255A 的 CS 信号接 P2.5,所以 A、B、C 端口的地址分别为 1101 0000 0000 0000、1101 0000 0000 0001、1101 0000 0000 0010,控制口地址为 1101 0000 0000 0011。另外,8255A 的 CS 接 P2.5,写、读控制信号 $\overline{WR}$ 和 $\overline{RD}$ 分别接微控制器的 P3.6 和 P3.7,A1、A0 分别接地址锁存器 74LS373 的输出引脚 Q1 和 Q0。

当地址为 0xd000,即 P2.5=0,信号输入到 8255A 的 $\overline{CS}$,低电平有效,8255A 的输出口 A 口可以工作,微控制器再将秒计数变量 ttt 的百位值送到 A 口,并驱动数码管显示。

当地址为 0xd001,即 P2.5=0,信号输入到 8255A 的 $\overline{CS}$,低电平有效,8255A 的输出口 B 口可以工作,微控制器再将秒计数变量 ttt 的十位值送到 B 口,并驱动数码管显示。

当地址为 0xd002,即 P2.5=0,信号输入到 8255A 的 $\overline{CS}$,低电平有效,8255A 的输出口 C 口可以工作,微控制器再将秒计数变量 ttt 的个位值送到 C 口,并驱动数码管显示。

在定时器函数中,定时器硬件一次定时时间是 50ms,只有完成 20 次 50ms 的定时溢出中断后,定时标志变量 flg 的值才设置为 1。具体实现代码如下:

```
if(ccc == 20)                              //定时 1s
  {
    flg = 1;                               //定时器中断标志位置位
    ccc = 0;
  }
```

在主程序中,每隔 1s 时间就改变 3 个数码管的秒计数显示。1s 定时是否完成是通过循环检测定时标志变量 flg 的值来判断。1s 时间完成之后,就分别通过对 8255A 的 3 个外部 RAM 地址赋值,输出秒计数变量 ttt 的百、十、个位的值,驱动 3 个数码管显示。具体实现代码如下:

```
while(flg == 0);                           //判断 1s 定时时间是否完成
    flg = 0;
    ttt++;
    dA = LED[ttt/100];                     //送百位显示
    dB = LED[ttt/10 % 10];                 //送十位显示
    dC = LED[ttt % 10];                    //送个位显示
```

3.10 RTX-51 的应用

3.10.1 案例概述

假设在 8051 微控制器的 P2 口接有 8 个 LED,使用 RTX-51 Tiny,编写程序使 8 个

LED 以不同的频率闪烁。

3.10.2 要求

(1) 学习使用多任务实时操作系统 RTX-51 Tiny 软件设计方法;

(2) 熟悉 OS_WAIT()函数的使用。

3.10.3 知识点

(1) RTX-51 Tiny 的多任务并发的应用编程;

(2) OS_WAIT()函数的挂起、唤醒功能。

3.10.4 电路原理图

案例控制电路如图 3-16 所示,8 个 LED 灯连接在微控制器的 P2 口的 8 个引脚上,灯通过灌电流连接方式连接。限流电阻阻值设定为 200Ω。

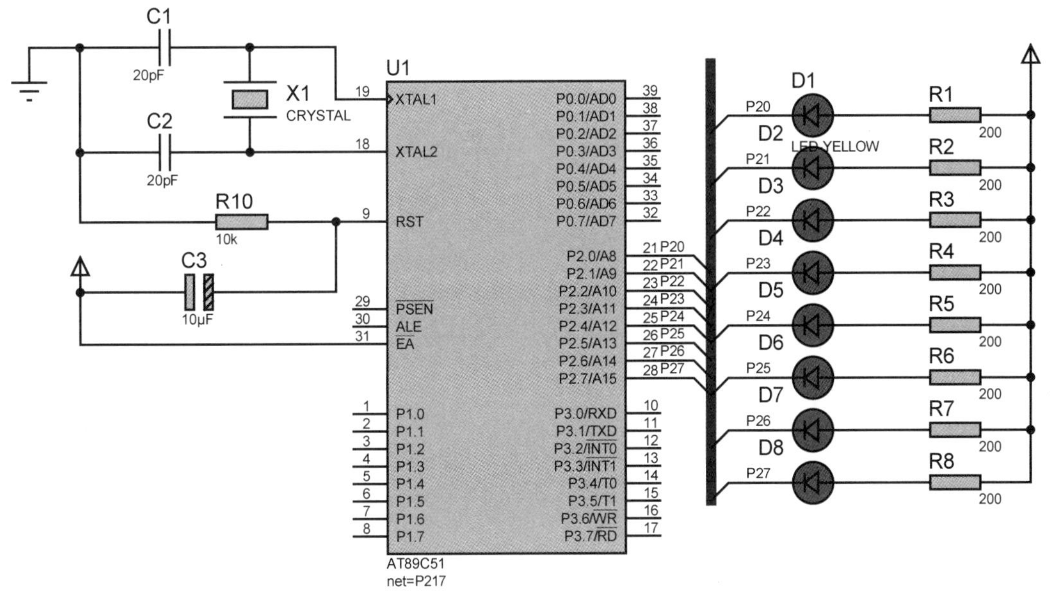

图 3-16 RTX-51 Tiny 的应用

3.10.5 案例应用程序

```
#include <reg51.h>
#include <rtx51tny.h>                    //包含 RTX-51 Tiny 的头文件
#define uint  unsigned  int
#define uchar unsigned char
sbit  P20 = P2^0;
sbit  P21 = P2^1;
sbit  P22 = P2^2;
sbit  P23 = P2^3;
sbit  P24 = P2^4;
```

```
sbit  P25 = P2^5;
sbit  P26 = P2^6;
sbit  P27 = P2^7;

void init(void)_task_ 0
{
os_create_task(1);
os_create_task(2);
os_create_task(3);
os_create_task(4);
os_create_task(5);
os_create_task(6);
os_create_task(7);
os_create_task(8);
os_delete_task(0);
}

void Pt0(void)_task_ 1
{
while(1)
  {
   P20 = !P20;
   os_wait(K_TMO,25,0);                    //如果将 25 修改为 100,则闪烁明显变慢
  }
}

void Pt1(void)_task_ 2
{
 while(1)
 {
  P21 = !P21;
  os_wait(K_TMO,35,0);
 }
}

void Pt2(void)_task_ 3
{
 while(1)
 {
  P22 = !P22;
  os_wait(K_TMO,50,0);
 }
}

void t3(void)_task_ 4
{
 while(1)
 {
  P23 = !P23;
  os_wait(K_TMO,95,0);
 }
```

```
}

void t4(void)_task_ 5
{
 while(1)
 {
  P24 = !P24;
  os_wait(K_TMO,95,0);
 }
}

void t5(void)_task_ 6
{
 while(1)
 {
  P25 = !P25;
  os_wait(K_TMO,50,0);
 }
}

void t6(void)_task_ 7
{
 while(1)
 {
  P26 = !P26;
  os_wait(K_TMO,35,0);
 }
}

void t7(void)_task_ 8
{
 while(1)
 {
  P27 = !P27;
  os_wait(K_TMO,25,0);
 }
}
```

3.10.6 案例分析

在 8051 系列微控制器中基于 RTX-51 Tiny 进行多任务并发程序设计之前，需要完成 3 个基本准备工作，即 Keil 中配置实用 RTX-51 Tiny、工程代码中包含头文件 RTX-51TNY.h 以及工程中添加操作系统的配置 CONF_TNY.A51。

首先，在工程目标名称上右击，选择 Options for Target 'Target 1'命令，如图 3-17 所示。

在如图 3-18 所示的对话框中，在 Target 选项卡 Operating 下拉列表框中选择 RTX-51 Tiny，即可使用嵌入式实时操作系统 RTX-51 精简版。

为了配置的有效和正确，必须将 RTX-51 的配置文件复制到工程目录下，并加入到工程

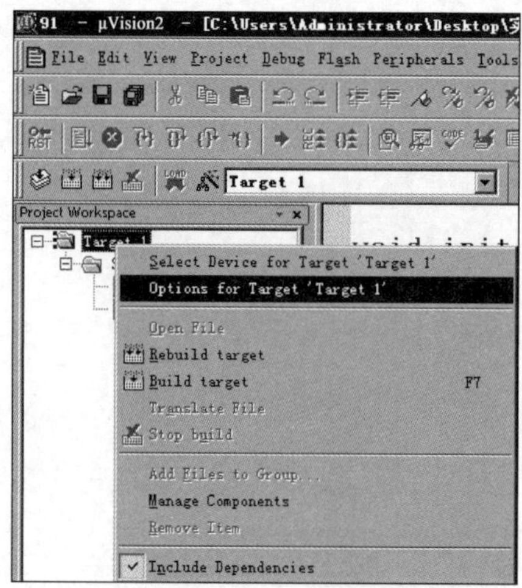

图 3-17　工程设置

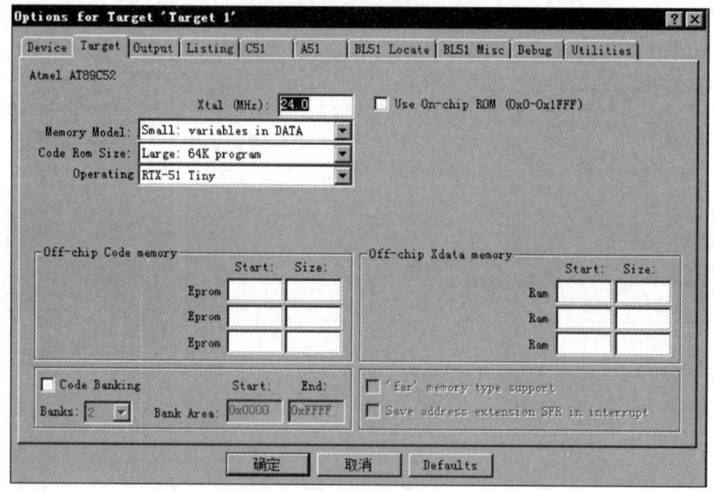

图 3-18　配置选项卡 Target

中。通过配置文件的设置来定制 RTX-51 的配置。CONF_TNY. A51 主要的配置参数有 INT_CLOCK 和 TIMESHARING。

INT_CLOCK 指定定时器产生中断前的指令周期数，默认值为 10 000。该参数用于计算定时器所设初值，即 65 536－INT_CLOCK。

TIMESHARING 是循环设置参数，默认的值是 5。该参数指定每个任务在循环任务切换前运行的滴答数，默认的值 5 表示多任务并发执行中每个任务切换的时间片时间长度是 5 个滴答。TIMESHARING 为 0 表示禁止循环任务切换，多任务并发执行采用挂起函数和唤醒函数切换。RTX-51 中一个滴答为 10 000 个机器周期，一个机器周期等于 12 个时钟周期。本案例禁止循环任务分时切换，即 TIMESHARING 和 INT_CLOCK 设置如下：

```
INT_CLOCK   EQU 10000;
TIMESHARING EQU   0;
```

本案例需要建立9个任务：初始化任务和8个LED闪烁任务，在初始化任务中建立8个LED闪烁任务，之后删除自身。使用OS_WAIT()函数等待超时进行任务切换，修改CONF_TNY.A51中的TIMESHARING禁止循环人为切换。程序中使用的挂起任务函数OS_WAIT()及其参数说明：

```
char os_wait(
unsigned char event_set,                    //要等待的事件
unsigned char ticks,                        //要等待的滴答数
unsigned int  dummy);                       //无用参数
```

该函数挂起当前任务，并等待一个或几个事件，如时间间隔、超时或从其他任务和中断发来的信号。参数event_set指定要等待的事件，事件类型如表3-2所示，可以是表中几种事件的组合。ticks表示要等待的时间长度。本案例用到的等待事件是时间间隔K_IVL。

表3-2 3种等待事件

事　件	描　述
K_IVL	等待滴答值为单位的时间间隔
K_SIG	等待一个信号
K_TMO	等待一个以滴答值为单位的超时

事件可以用竖线符(|)进行逻辑或。例如，K_TMO|K_SIG指定任务等待一个超时或者一个信号。

ticks参数指定要等待的时间间隔事件(K_IVL)或超时事件(K_TMO)的定时器滴答数。参数dummy是为了提供与RTX-51 Full的兼容性而设置的，在RTX-51 Tiny中并不使用。

函数返回值：当有一个指定的事件发生时，任务进入就绪态。任务恢复执行时，由返回的常数指出使任务重新启动的事件，返回值类型如表3-3所示。

表3-3 返回值类型

返 回 值	描　述
RDY_EVENT	任务的就绪标志位是被os_set_ready或isr_set_ready置位的
SIG_EVENT	收到一个信号
TMO_EVENT	超时完成，或时间间隔到
NOT_OK	event_set参数的值无效

案例中关键程序原理分析：

(1) 案例中的每个任务实际花很短时间，即执行完P2x=!P2x后，该任务就挂起。因此8个任务瞬间都挂起了，等待间隔时间到了之后就被唤醒。

(2) 8个任务瞬间都挂起了，但还是有先后次序的，有很短的时间差。

(3) 8个任务挂起后等待间隔时间到了之后被唤醒，每个任务按照OS_WAIT()函数中的定时时间长短依次被唤醒。

(4) 如果两个任务等待的定时时间相同，如两个定时都是等待25个滴答的任务，它们不会在同一时刻被唤醒，因为各个任务的挂起时间不同，有很小的差别。

(5) 定时25、50个滴答的任务也不会同时唤醒，因为挂起的时刻不一样。

第 4 章

中断技术应用案例

基于 Proteus 硬件仿真工具和 Keil 程序设计软件，本章设计了微控制器中中断原理及应用技术相关的案例，包括外部中断、按键计数、外部中断统计脉冲个数、八路抢答器、报警系统，每个案例都提供了详尽的软硬件设计，包括仿真电路和完整的参考程序。

4.1 外部中断

4.1.1 案例概述

通过 8051 系列微控制器控制实现如下功能：

主程序为 P2 口接 8 个 LED，实现每次亮一个灯的流水灯；外部中断 0(INT0)为下降沿触发，INT0 中断服务程序使接在 P1 口的 4 个灯闪烁 3 次后返回主流程(流水灯)。外部中断 1(INT1)为低电平触发，INT1 中断服务程序使接在 P0 口的数码管依次显示字母 A～F，最后返回主流程(流水灯)。

4.1.2 要求

熟悉外部中断的工作原理、作用及应用编程。

4.1.3 知识点

外部中断硬件结构、控制原理和方法、外部中断应用程序设计。

4.1.4 电路原理图

案例控制电路如图 4-1 所示。

外部中断的外来触发信号采用 Proteus 的虚拟脉冲信号发生器 Logicstate 来模拟，利用 Logicstate 产生高电平、低电平或下降沿脉冲信号。8 只 LED 灯分别连接在微控制器的 P1 口的 8 个引脚上，灯通过灌电流连接方式连接。限流作用的电阻阻值设定为 200Ω。

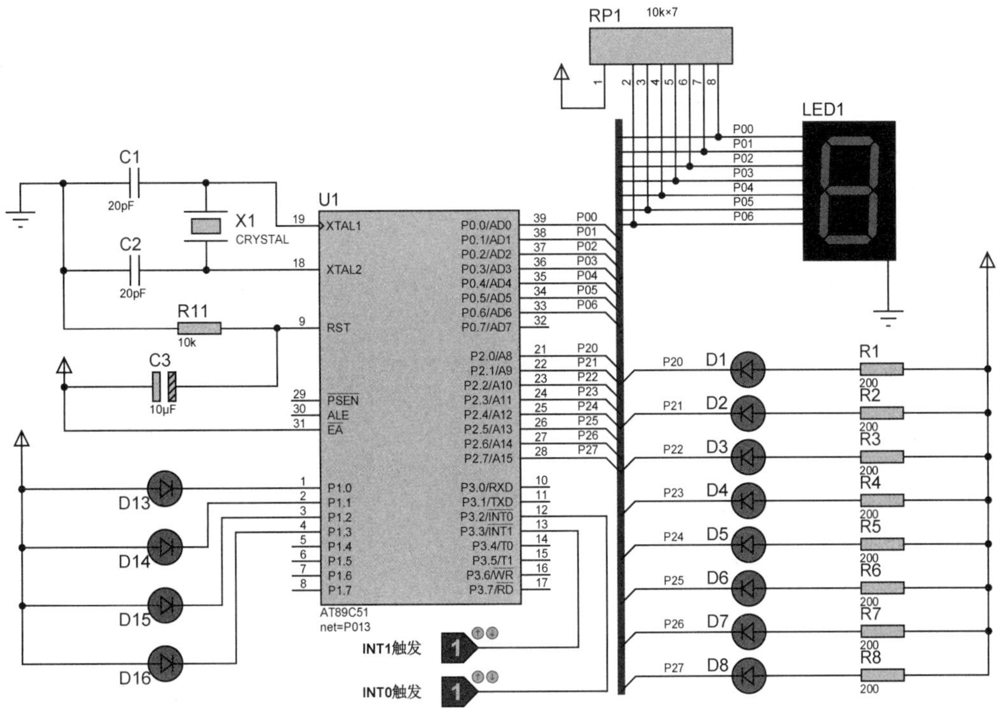

图 4-1　外部中断应用电路图

4.1.5　案例应用程序

```
#include <intrins.h>
#include <REG51.H>
#define TRUE 1
#define PORT_OUT P2                          //定义 P1 为输出口
char led_mod[] = {0x77,0x7c,0x39,0x5e,0x79,0x71,0x00};      //字符 ABCDEF 在共阴极 LED 数码
                                                            //管的显示字模
void time(unsigned int ucMs);                               //延时单位: ms
void main(void)
{
    unsigned char ucTimes;
      TCON = 0x01;      //设置外部中断 0: IT0 = 1、脉冲触发方式; 外部中断 1 为电平触发、IT1 = 0
      IE = 0x85;              //开启外部中断 0、1,0x85 = 10000101B
      P0 = 0x00;

    while(TRUE)
    {

    for(ucTimes = 0;ucTimes < 8;ucTimes++){                //循环点亮 P1 口灯
            PORT_OUT = 0xff - (0x01 << ucTimes);           //亮灯需低电平驱动
            time(500);
        }
```

```
        }
    }

    void extInterrupt0(void) interrupt 0                //外部中断 0 的中断服务程序
    {
        unsigned char counter;                          //循环次数计数
        EA = 0;                                         //关总中断
        for(counter = 0;counter < 3;counter++)
        {
            P1 = 0;                                     //点亮 P0 口 LED1
            time(700);                                  //延时 100ms
            P1 = 0xff;                                  //熄灭 P0 口 LED1
            time(700);                                  //延时 100ms
        }
        EA = 1;                                         //开总中断
    }

    void extInterrupt1(void) interrupt 2                //外部中断 1 的中断服务程序
    {
        unsigned char counter;                          //循环次数计数
        EA = 0;                                         //关总中断
        for(counter = 0;counter < = 6;counter++)
        {
            P0 = led_mod[counter];                      //点亮 P0 口 LED1
            time(600);                                  //延时 200ms
        }
        EA = 1;                                         //开总中断
    }

    void delay_5us(void)          //延时时间是 5μs,晶振改变时只用改变这一个函数
    {
        _nop_();
        _nop_();
    }

    void delay_50us(void)         //延时 50μs
    {
        unsigned char i;
        for(i = 0;i < 4;i++)
        {
            delay_5us();
        }
    }

    void delay_100us(void)        //延时 100μs
    {
        delay_50us();
        delay_50us();
    }

    void time(unsigned int ucMs)  //延时单位: ms
```

```
{
    unsigned char j;
    while(ucMs > 0){
        for(j = 0;j < 10;j++) delay_100us();
        ucMs -- ;
    }
}
```

4.1.6 案例分析

案例代码中，主要有 3 个函数：main()、extInterrupt0()和 extInterrupt1()，三者是并行的，相互之间没有包含关系。通过本案例有利于理解中断技术的原理和应用。通过主程序和两个中断服务子程序实现不同的功能，来直观地区分 3 个函数的并行性及中断子程序(extInterrupt0()和 extInterrupt1())执行的随机性。

另外，通过虚拟脉冲信号发生器 Logicstate 可以直观地理解中断不同的触发方式，即边沿触发和电平触发的差别。通过案例程序的理解，可以将外部中断触发控制位、中断标识位、中断允许开关、中断号与对应的程序控制语句关联起来，更好地理解中断硬件结构及中断逻辑原理知识。

4.2 按键计数

4.2.1 案例概述

通过 8051 系列微控制器控制实现如下功能：

(1) 用 T1 计数器中断实现按键计数，即定时/计数器工作在计数器功能，计数值为 1，P3.5 引脚每次输入一个脉冲，就会触发 T1 中断，实现变量值加 1，达到最大值 60 后产生中断溢出。

(2) 用外部中断 1(INT1)控制数码管计数的显示值清零。

4.2.2 要求

(1) 微控制器控制数码管的显示驱动编程。

(2) 巩固微控制器计数器中断、外部中断处理子程序的编写。

(3) 熟悉多个中断的优先级设置方法。

4.2.3 知识点

多个中断的应用、多个中断源的优先级设置方法。

4.2.4 电路原理图

案例电路原理图如图 4-2 所示。

微控制器的 P0 驱动一个数码管显示中断次数值的十位，P2 口驱动一个数码管显示中断次数值的个位。另外，通过一个按钮的按压和弹起模拟外部脉冲信号，再送入计数器 T1

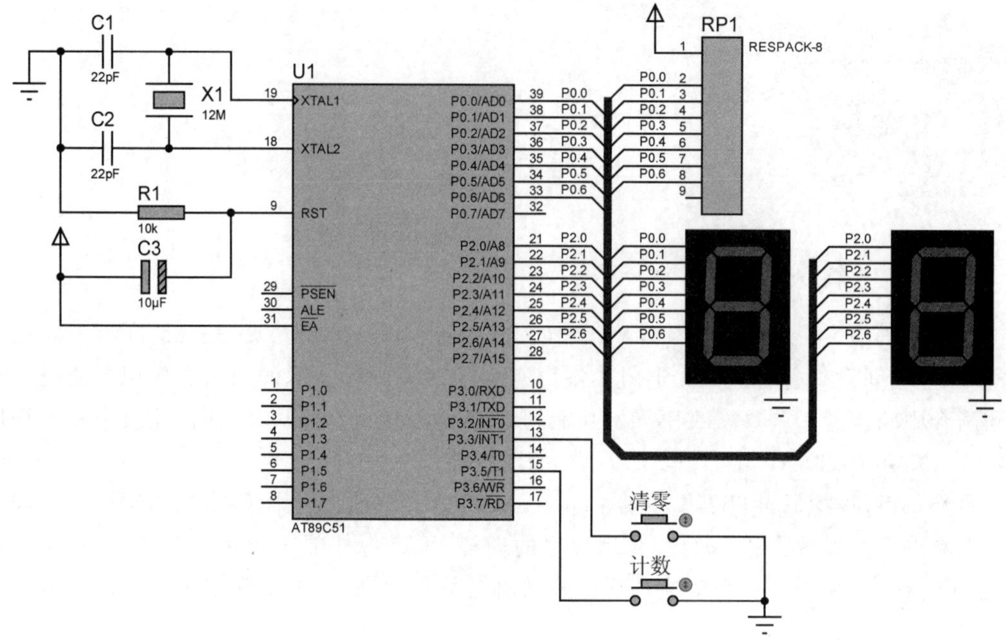

图 4-2　按键计数电路图

的输入引脚 P3.5。

案例用到了两个中断，因此需要通过 IP 特殊功能寄存器来设置两个中断的优先级。在 IP 优先级设置中，T1 为高优先级、INT1 为低优先级，所以 IP 寄存器值为 0x08。

4.2.5 案例应用程序

```
#include<reg51.h>
#define uchar unsigned char
#define uint unsigned int

//段码
uchar code DSY_CODE[] = {0x3f,0x06,0x5b,0x4f,0x66,0x6d,0x7d,0x07,0x7f,0x6f,0x00};
uchar Count = 0;

//主程序
void main()
{
    P0 = 0x00;
    P2 = 0x00;
    TMOD = 0x50 ;                 //计数器 T0 方式 1
    TH1 = 0xff;
    TL1 = 0xff ;                  //计数值为 1
    ET1 = 1 ;                     //允许 T0 中断
    EX1 = 1 ;                     //允许 INT0 中断
    EA = 0x8C ;                   //允许 CPU 响应中断 10001100
    IP = 0x08 ;                   //设置优先级,T1 高于 INT1
    IT1 = 1 ;                     //INT1 中断触发方式为下降沿触发
```

```
    TR1 = 1 ;                          //启动 T1
    while(1)
    {
        P0 = DSY_CODE[(Count/10)];     //显示十位的值
        P2 = DSY_CODE[(Count % 10)];   //显示个位的值
    }
}

//T1 计数器中断函数
void Key_Counter() interrupt 3
{
        Count = (Count + 1) % 60;      //因为只有两位数码管,计数控制在 100 以内(00~99)
        TH1 = 0xff;
        TL1 = 0xff;                    //计数值为 1
}

//INT0 中断函数
void Clear_Counter() interrupt 2
{
      Count = 0;
}
```

4.2.6　案例分析

案例使用 T1 计数器中断实现按键计数，由于计数寄存器初值为 1(即计数值为 1)，因此 P3.5 引脚每来一个下降沿脉冲信号就会触发一次 T1 中断，然后在中断函数中进行 Count 值累加。案例清零功能使用外部中断 1(INT1)的中断函数控制实现。由于本案例用到两个硬件中断，所以需要考虑中断优先级设置问题。程序中设置 T1 中断优先级高于 INT1 中断，即将中断优先级寄存器 IP 设置为 0x08。

4.3　外部中断统计脉冲个数

4.3.1　案例概述

当按下开始按钮后，使用微控制器外部中断 INT0 统计引脚 P2.6 输出的脉冲个数(共 80 个)，然后将当前脉冲的个数送数码管显示。

4.3.2　要求

掌握微控制器模拟脉冲的方法、外部中断处理程序的编写、数码管的显示驱动编程。

4.3.3　知识点

外部中断系统原理、外部中断应用编程。

4.3.4　电路原理图

案例电路原理图如图 4-3 所示。

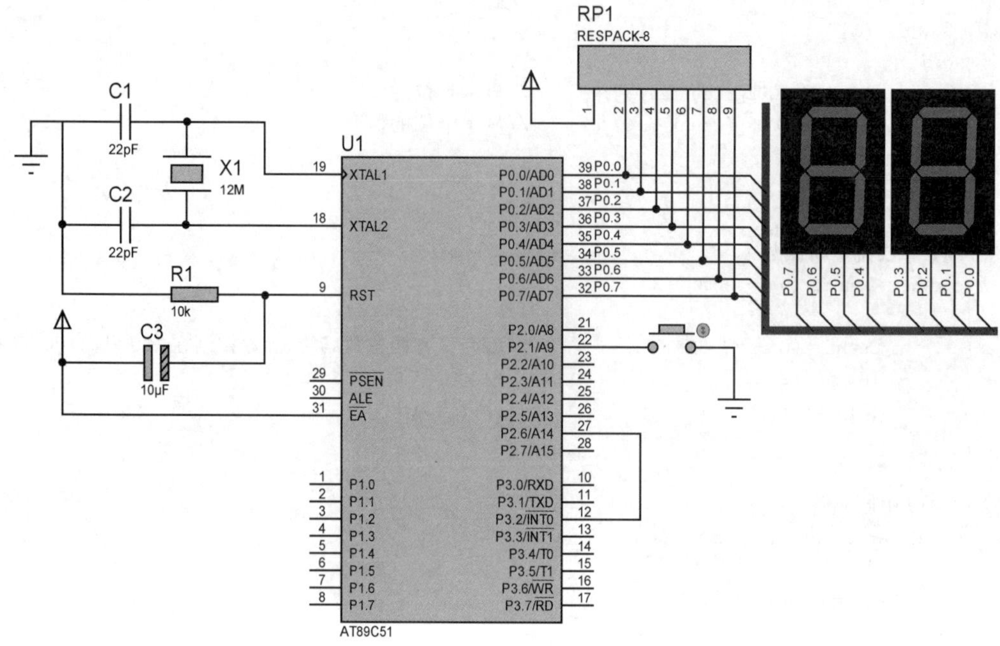

图 4-3 外部中断统计脉冲个数电路图

案例中，由 P2.6 引脚输出连续的脉冲，信号传输到外部中断 INT0 引脚 P3.2。引脚 P2.1 为开始统计脉冲按钮。另外，通过微控制器的 P0 口连接两个 BCD 数码管，以便显示检测的脉冲个数。BCD 数码管按输入的 4 位二进制 8421BCD 编码来点亮数码管显示数字。例如，当输入 BCD 码为 0000，数码管就显示 0，以此类推。

4.3.5 案例应用程序

```
#include <reg51.h>
sbit clk = P2^6;                        // P2.6 输出脉冲
sbit s1 = P2^1;                         //开始按钮
unsigned char ccc;                      //设置全局变量，存储脉冲负跳变计数个数
void delay(void)                        //延时约 30ms (3 * 100 * 100 = 30 000μs  = 30ms)
{
  unsigned char e,f;
  for(e = 0;e < 100;e++)
  for(f = 0;f < 100;f++);
}

void main(void)
  {
   while(1){
   unsigned char i;
   EA = 1;                              //开放总中断
   EX0 = 1;                             //允许使用外中断
   IT0 = 1;                             //选择负跳变来触发外部中断
   cccr = 0;
```

```
    if(s1 == 0){
      for(i = 0;i < 80;i++)                    //输出 80 个脉冲
       {
         clk = 1;
         delay();
         clk = 0;
         delay();
       }
      }
}
}

void int1(void)   interrupt 0 using   0     //外中断 0 的中断编号为 0
{
  ccc++;
  P0 = ccc;
}
```

4.3.6 案例分析

案例中 P2.6 引脚输出的脉冲可以通过软件编程模拟高低电平来实现，即在引脚 P2.6 重复交替输出相同时长的高低电平。

```
clk = 1;
delay();
clk = 0;
delay();
```

P2.6 引脚每次输出一个脉冲信号，外中断 INT0 引脚 P3.2 就收到一个有效的触发信号，因而触发外部中断，随即执行外部中断子程序。外中断子程序实现计数变量加 1 运算，并送数码管显示。

4.4 八路抢答器

4.4.1 案例概述

用 8 个独立式按键作为输入按键，序号分别为 0～7。初始时数码管显示符号“－”，当任何一个按键被按下后，在数码管上显示对应按键的序号(假设同时只有一个按键被按下)。

4.4.2 要求

学习八路抢答器的软、硬件设计方法、工作原理和应用驱动程序设计。

4.4.3 知识点

微控制器实现的抢答器硬件设计、外部中断技术的应用。

4.4.4 电路原理图

电路如图4-4所示，P0口连接8个抢答按键(序号依次为0～7)构成个8个低电平有效的外部中断源。P0口8个引脚信号同时连接到一个与门的8个输入端，与门的输出端连接到微控制器的外部中断INT0引脚。在八路抢答器中，只要8个抢答按键中有任何一个按键按下，就将按键的序号显示在P1口连接的数码管上。

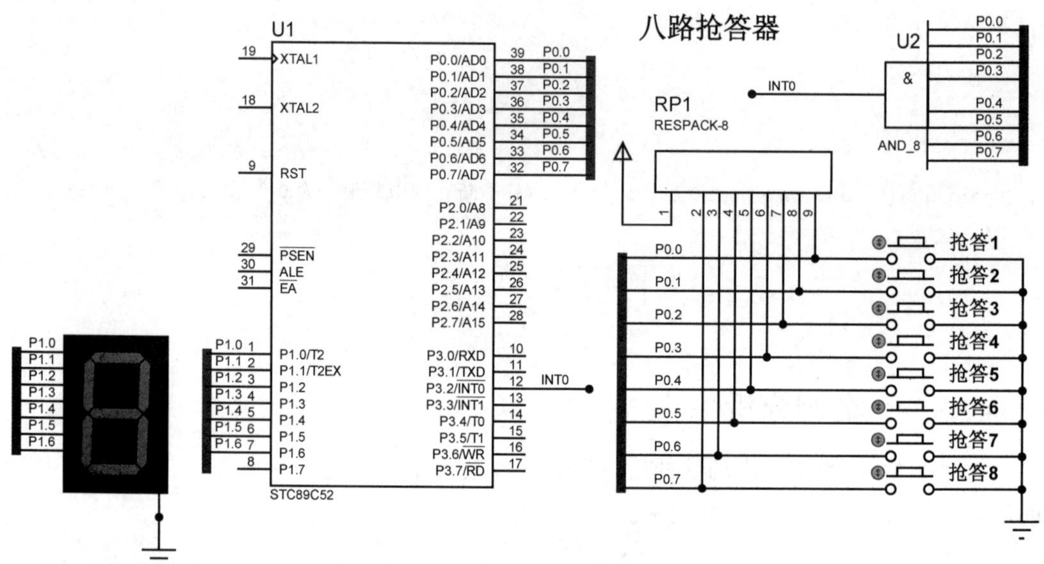

图4-4 八路抢答器电路图

4.4.5 案例应用程序

```
#include <reg51.h>
unsigned char table[] =
{0x3F,0x06,0x5B,0x4F,0x66,0x6D,0x7D,0x07,0x7F,0x6F,0x77,0x7C,0x39,0x5E,0x79,0x71};
//16个字符0～9, A～F的段码表

void main()
{
    P1 = 0xff;
    EA = 1;                          //开总中断
    EX0 = 1;                         //开外部中断0中断
    IT0 = 0;                         //设定外部中断0为电平触发方式
    while(1){};                      //等待按键按下,触发外部中断0中断
}

void key_led(void)   interrupt  0
{
    unsigned char temp;
    EA = 0; EX0 = 0;                 //关外部中断0,停止抢答
    temp = P0;
```

```
        switch(~temp)              //根据键值显示抢答的数字
        {
            case 0x01: P1 = table[1]; break;   //显示"1"
            case 0x02: P1 = table[2]; break;   //显示"2"
            case 0x04: P1 = table[3]; break;   //显示"3"
            case 0x08: P1 = table[4]; break;   //显示"4"
            case 0x10: P1 = table[5]; break;   //显示"5"
            case 0x20: P1 = table[6]; break;   //显示"6"
            case 0x40: P1 = table[7]; break;   //显示"7"
            case 0x80: P1 = table[8]; break;   //显示"8"
            default: break;
        }
       EA = 1; EX0 = 1;
}
```

4.4.6 案例分析

案例代码中，根据硬件接口设计，只要任何一个按键按下，P0 口 8 个引脚的状态值改变（即有一个引脚状态变为 0），P0 状态被与门接收后，与门输出引脚位 0 后就触发外部中断，并执行外部中断程序，通过执行以下两句代码：

```
temp = P0;
switch(~temp)
```

微控制器将抢答后 8 个按键的状态变化值全部按位取反，再根据此取反后的值驱动数码管显示按键的序号。

4.5 报警系统

4.5.1 案例概述

通过微控制器驱动扬声器和多个 LED 灯实现：通过单片机控制 8 个 LED 发光二极管相邻的 3 个灯旋转滚动显示，通过定时器控制扬声器的声音频率，从而模拟声音报警和灯光闪烁报警。

4.5.2 要求

（1）微控制器控制数码管的显示驱动编程；

（2）巩固微控制器定时器中断、外部中断的应用；

（3）掌握多个中断的优先级设置方法。

4.5.3 知识点

定时器中断、外部中断。

4.5.4 电路原理图

案例电路原理图如图 4-5 所示。

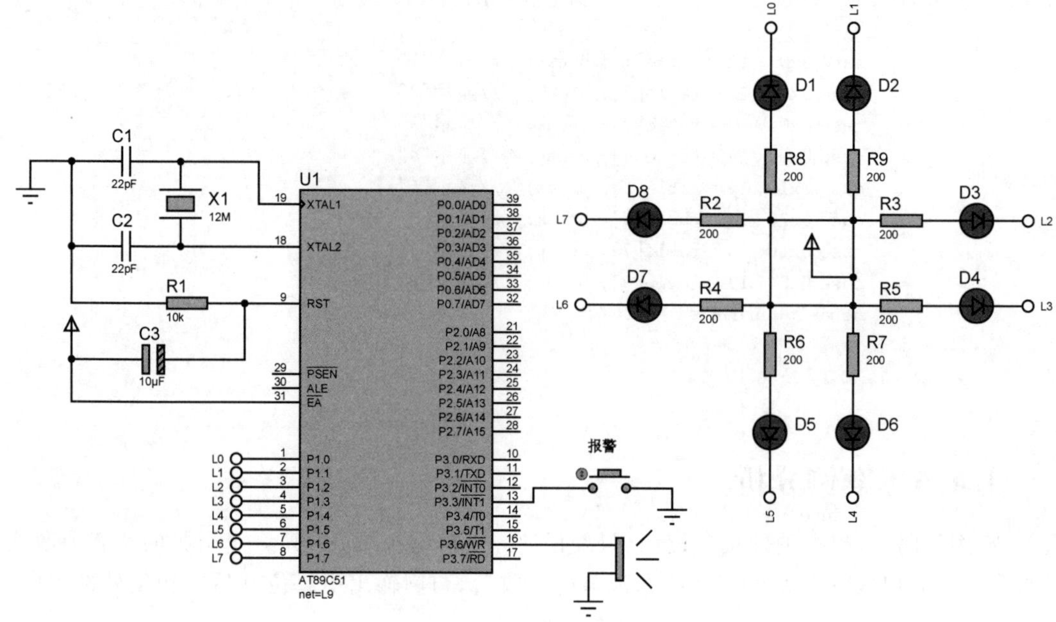

图 4-5　报警系统电路图

4.5.5　案例应用程序

```
#include <reg51.h>
#include <intrins.h>
#define uint unsigned int
#define uchar unsigned char
sbit phone = P3^6;
uchar f = 0x00;
uchar TimeCount = 0;

void Delay(uint t)
{
    uchar i;
    while(t--)
    {
        for(i = 0;i < 120;i++);
    }
}

void main()
{
    P1 = 0xff;
    TMOD = 0x11;
    TH0 = 0x00;                        //控制声音的频率
    TL0 = 0xff;
```

```
    TH1 = -65000/256;          //控制灯旋转快慢,每隔定时时间换 3 个灯亮形成闪烁效果
    TL1 = -65000 % 256;
    IT1 = 1;                   // int1 触发方式
    IE = 0x8f;                 //开中断
    IP = 0x04;                 //int1 的级别设置为最高
    TR0 = 0;
    TR1 = 0;

    while(1)
    {
        f++;
        Delay(5);              //控制声音的发音长度
    }
}

void  int1()  interrupt  2
{
    TR0 = !TR0;
    TR1 = !TR1;
    if(P1 == 0xff)
    P1 = 0xe3;                 // 11100011B = 0xe3
    else
    P1 = 0xff;                 //所有灯灭
}

void  t0()  interrupt  1       //定时时间控制声音频率
{
    TH0 = 0xfb;
    TL0 = f;
    phone = ~phone;
}

Void  t1()  interrupt 3        //定时时间控制灯旋转亮
{
    TH1 = -65000/256;
    TL1 = -65000 % 256;

    if(++TimeCount!= 5) return;     //3 个灯亮延时时间
    TimeCount = 0;
    P1 = _crol_(P1,1);
}
```

4.5.6 案例分析

案例中用到了 3 个中断：两个定时器中断 T0、T1 和一个外部中断 INT1。定时器 T0 用于控制发音的频率，定时器 T1 用于控制灯的旋转速度，外部中断 INT1 控制声音和灯光报警的启动和停止。案例中设置外部中断 INT1 的优先级最高。

定时器 T0 用于控制发音的频率。T0 的高 8 位初值 TH0 设置为 0xFB,即 251D。低 8 位 TL0 的值为变量 f 的值,即 TL0 的值一直在 0x00～0xff 循环顺序动态递增变化。这样 T0 的计数值变化范围是:0xfb00～0xfbff,从而计算出定时器 T0 的延时时间变化范围是:(0xffff－0xfb00)×机器周期～(0xffff－0xfbff)×机器周期。最后由 T0 的延时时间计算出扬声器的发音频率范围为 1/[(0xffff－0xfb00)×机器周期]～1/[(0xffff－0xfbff)×机器周期]。机器周期＝12×时钟周期,时钟周期＝1/晶振频率。

由于主程序 main()中 while(1)循环中持续循环控制每隔一定时间让变量 f 值递增 1,在 T0 的中断程序中也是持续获取 f 的变化,从而改变 T0 的定时时间,所以 T0 产生的输出信号控制扬声器发音频率递增,形成平滑的报警声音。

定时器 T1 用于控制灯的旋转快慢。P1 口控制 8 个 LED 灯的闪烁,但是 P1 的值每次只有 3 个引脚输出低电平,从而控制 3 个 LED 灯亮。每次定时器 T1 定时时间到产生溢出之后,中断函数中通过移位运算函数 _crol_(P1,1)循环改变 P1 的状态值,具体实现如下:

```
P1 = 0xe3;                                    // 11100011B = 0xe3
P1 = _crol_(P1,1);
```

P1 的值变化顺序为 11100011、11000111、10001111、00001111、00011110……通过 P1 的值的规律变化,实现 8 个 LED 灯中按照顺时针方向顺序切换某 3 个 LED 灯点亮,实现闪烁的效果。

第 5 章 定时器应用案例

基于 Proteus 硬件仿真工具和 Keil 程序设计软件，本章设计了微控制器中定时/计数器技术原理及应用相关的案例，包括计数器功能应用、定时器控制流水灯、定时器控制交通灯，每个案例提供了详尽的软硬件设计，包括仿真电路和完整的参考程序。

5.1 计数器功能的应用

5.1.1 案例概述

通过 8051 系列微控制器控制实现如下功能：

(1) 从外部输入 2 个计数脉冲到定时/计数器引脚 T0 后产生中断，在 T0 计数中断服务程序中，控制接在 P1 口的 8 个 LED 依次点亮 200ms，返回主程序；

(2) 从外部输入 5 个计数脉冲到定时/计数器引脚 T1 后产生中断，在 T1 计数中断服务程序中，控制接在 P2.1 引脚的蜂鸣器发出报警声 5 次，返回主程序；

(3) 定时/计数器 T0 和 T1 总的中断次数通过 P0 口输出到七段 BCD 数码管显示。

5.1.2 要求

(1) 了解中断的步骤及定时/计数器的工作方式；

(2) 关闭和启动定时器的条件和关闭和打开中断的条件；

(3) 计数初值的定义。

5.1.3 知识点

定时/计数器硬件原理、计数器功能应用编程。

5.1.4 电路原理图

案例电路原理图如图 5-1 所示。

在电路图中，利用虚拟元件脉冲信号发生器产生外部脉冲信号，然后送入定时/计数器的输入引脚 P3.4、P3.5。因为定时/计数器 T0、T1 设置为计数功能，用来检测 P3.4、P3.5 引脚接收的脉冲信号个数，当达到设置的计数值的个数后，产生计数器溢出中断，然后暂停主程序，转而执行计数器中断子程序。

案例通过 P0 口驱动 2 个 BCD 七段数码管显示计数器总中断次数。BCD 七段数码管

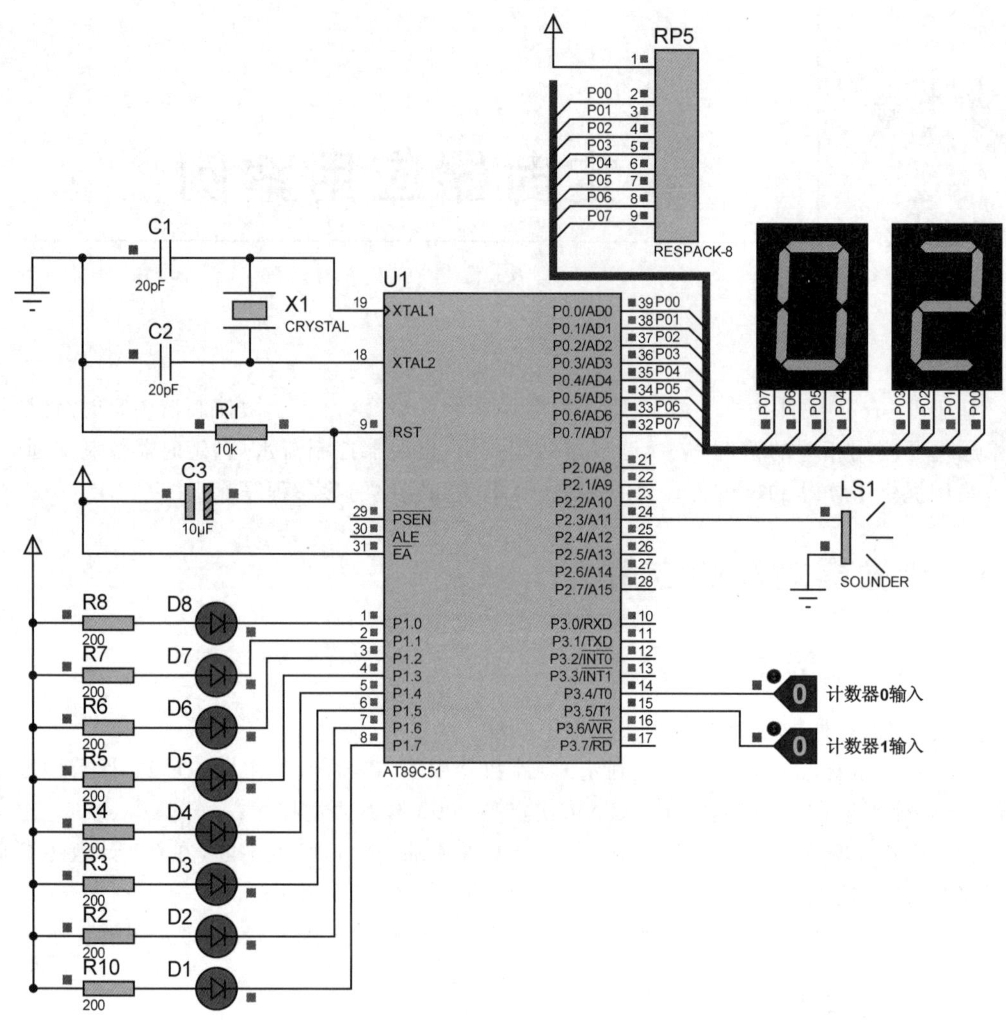

图 5-1 计数器应用电路图

的输入是 4 位二进制 BCD 码。BCD 七段数码管按 8421BCD 编码来点亮数码管显示数字，例如，当输入 8421 码 DCBA＝0000 时，数码管就显示 0；当 DCBA＝0100 时，应显示 4；DCBA＝0011 时显示 3；DCBA＝1111 时显示 F，以此类推。另外，微控制器通过 P2.3 引脚输出高电平驱动蜂鸣器发音。

5.1.5 案例应用程序

```
#include <intrins.h>
#include <REG51.H>
#define TRUE 1
#define uchar unsigned char
uchar t3 = 0;                              //总中断次数
unsigned char ucTimes;
sbit  BEEP = P2^3;
void Play(unsigned char t);
```

```
void time(unsigned int ucMs);          //延时单位：ms

void main(void)
{
    TMOD = 0x55;                //设置定时器 0、1 为外部脉冲输入计数器工作,方式 1,16 位计数器
    TH0 = 0xFF; TL0 = 0xFE;          //设置计时器 0 的初值为 FFFEH,即 2 个计数脉冲产生中断
    TH1 = 0xFF; TL1 = 0xFB;          //设置计时器 1 的初值为 FFFBH,即 5 个计数脉冲产生中断
    TR0 = 1;                         //开启定时器 0
    TR1 = 1;                         //开启定时器 1
    IE = 0x8a;                       //打开定时器 0、1 中断
    P0 = t3;                         //总中断次数送 P1 口显示
    while(1){}                       //等待定时器 0、1 的中断
}

//定时器 0 的中断服务程序
void timer0(void) interrupt 1
{
    EA = 0;                                  //关总中断
    TR0 = 0;                                 //停止计时
    t3++;                                    //总中断次数加 1
    P0 = t3;                                 //总中断次数送 P0 口显示
    for(ucTimes = 0;ucTimes <= 8;ucTimes++)        //循环点亮 P1 口的 8 个灯
    {
        P1 = 0xff - (0x01 << ucTimes);             //亮灯需低电平驱动
        time(700);
    }
    TH0 = 0xFF; TL0 = 0xFE;
    TR0 = 1;
    EA = 1;
}

void timer1(void) interrupt 3
{
    EA = 0;                                  //总中断
    TR1 = 0;                                 //停止计时
    t3++;                                    //总中断次数加 1
    P0 = t3;                                 //总中断次数送 P0 口显示

    for(ucTimes = 0;ucTimes < 5;ucTimes++)
    {
        Play(2);
        time(200);
    }
    TH1 = 0xFF; TL1 = 0xFB;
    TR1 = 1;                                 //开启定时器
    EA = 1;                                  //开总中断
}

void DelayMS(unsigned int  x)
{
    uchar t;
```

```
    while(x--)
    {
        for(t=0;t<120;t++);
    }
}

void Play(unsigned char t)
{
    uchar i;
    for(i=0;i<100;i++)
    {
      BEEP=~BEEP;
      DelayMS(t);
    }
    BEEP=0;
}

void delay_5us(void)                    //延时5μs
{
    _nop_();
    _nop_();
}

void delay_50us(void)                   //延时50μs
{
    unsigned char i;
    for(i=0;i<4;i++)
    {
    delay_5us();
    }
}

void delay_100us(void)                  //延时100μs
{
    delay_50us();
    delay_50us();
}

void time(unsigned int ucMs)            //延时单位: ms
{
    unsigned char j;
    while(ucMs>0){
    for(j=0;j<10;j++) delay_100us();
    ucMs--;
    }
}
```

5.1.6 案例分析

案例代码中主要有 3 个函数：主函数 main()、计数器 0 中断函数 timer0()和计数器 1

中断函数 timer1()，3 个函数是并行关系。主函数和两个计数器中断函数实现不同的功能，可以直观地理解 3 个函数的并行性以及中断函数 timer0()和 timer1()执行的随机性。

通过本案例，可以将计数器的中断工作方式、计数初值、计数溢出中断标识位、中断号与对应的 C51 语言程序控制语句关联起来，更好地理解定时计数器硬件结构和工作原理。

另外，在计数器 1 中断函数 timer1()中要实现 P2.3 引脚驱动蜂鸣器发出 5 次报警声。通过改变 P2.3 引脚输出高低电平信号的间隔时间控制报警声的频率，具体实现代码如下：

```
void Play(unsigned char t)
{
    uchar i;
    for(i = 0;i < 100;i++)
    {
        BEEP = ～BEEP;
        DelayMS(t);
    }
    BEEP = 0;
```

通过改变 P2.3 引脚输出高低电平信号的次数控制报警声的长短，具体实现代码如下：

```
for(ucTimes = 0;ucTimes < 5;ucTimes++)
    {
        Play(2);
        time(200);
    }
}
```

5.2　定时器控制流水灯

5.2.1　案例概述

通过 8051 系列微控制器控制实现如下功能：使用定时器 T1 的中断来控制 P1 连接的 8 个 LED 灯的流水闪烁，即依次轮流控制每个灯点亮 50ms，实现流水闪烁效果。

5.2.2　要求

(1) 学习使用微控制器定时器的工作原理、应用和编程方法；

(2) 熟悉微控制器中定时器中断处理程序编写。

5.2.3　知识点

定时器硬件结构、工作方式、定时器中断方式的应用。

5.2.4　电路原理图

案例控制电路如图 5-2 所示，8 个 LED 灯连接在微控制器的 P1 口的 8 个引脚上，限流作用的电阻阻值设定为 200Ω，灯采用灌电流连接方式连接。

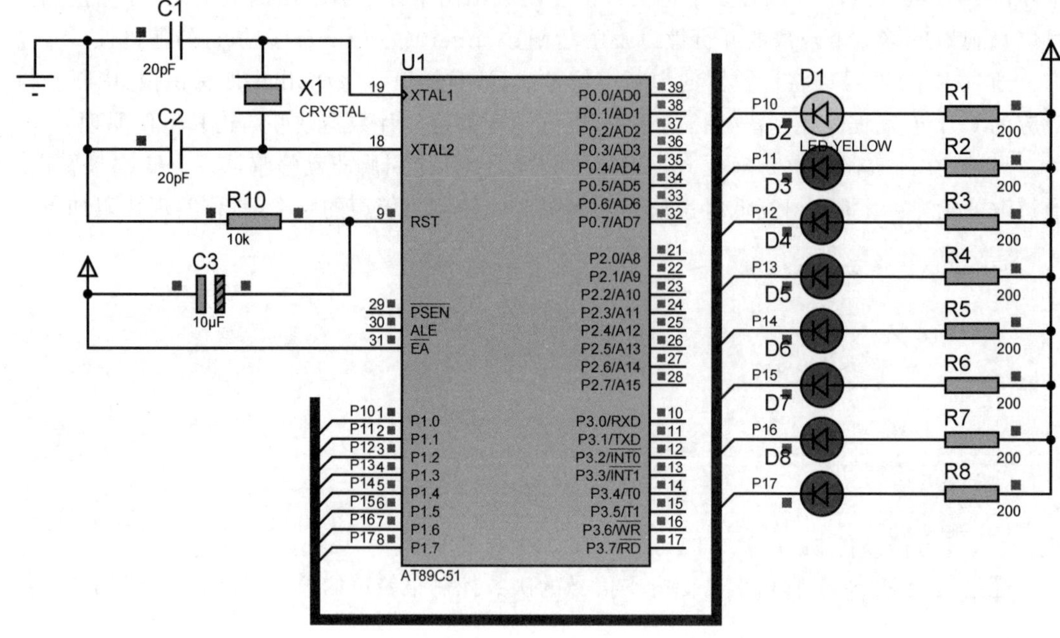

图 5-2 定时器控制流水灯电路图

5.2.5 案例应用程序

```
#include <REG51.H>
unsigned char kkk;
unsigned char Count = 0;
void main(void)
{
    TMOD = 0x10;                          //定时器 T0 的工作方式 1
    TH1 = (65536 - 60536)/256;            //定时器 T0 的高 8 位的初值
    TL1 = (65536 - 60536) % 256;          //定时器 T0 的低 8 位的初值
    TR1 = 1;                              //启动定时器 T0
    kkk = 0xfe;
    P1 = kkk;                             //流水灯初始状态控制
    EA = 1;                               //开总中断
    ET1 = 1;                              //定时器 T0 中断允许
    while(1) ;                            //无限循环,等待定时器溢出中断
}

void Time1(void) interrupt 3 using 0      //定时器 T0 的中断服务程序
{
     TH1 = (65536 - 60536)/256;           //重新设置定时器 T0 的高 8 位的初值
     TL1 = (65536 - 60536) % 256;         //重新设置定时器 T0 的低 8 位的初值

     if(++Count!= 10) return;             // 50ms(10 × 5ms)延时切换
     Count = 0;
     kkk = kkk << 1;                      //数据左移 1 位
     kkk = kkk|1;                         //数据末位置 1
```

```
        if(kkk == 0xff)kkk = 0xfe;              //设置流水灯的控制数据初始值
        P1 = kkk;                               //更新流水灯状态控制数据
    }
```

5.2.6 案例分析

案例中,需要控制每个 LED 灯点亮 50ms,定时由定时器硬件实现。程序中设置定时器每次定时 5ms,为了简化初值计算,其初值设置如下:

```
TH1 = (65536 - 60536)/256;              //重新设置定时器 T0 的高 8 位的初值
TL1 = (65536 - 60536) % 256;            //重新设置定时器 T0 的低 8 位的初值
```

50ms 的时间实现通过定时器中断函数 Time1()中的两条语句实现,即

```
if(++Count!= 10) return;                //50ms(10 × 5ms)延时切换
Count = 0;
```

每当定时器硬件 5ms 定时到就产生溢出中断,暂停主程序 main()函数后,CPU 执行中断函数 Time1(),通过 if(++Count!=10) 判断 10 次 5ms 延时是否完成。具体方法是:++Count 后变量 Count 的值不等于 10,则 return 返回到调用此语句所在函数的地方,即返回到调用定时器 1 中断函数 Timer1()的地方,就是主程序的 while(1)处,即回到 main()函数继续等待下一次 50ms 定时中断发生。这个过程重复 10 次后,即延时 10 次 5ms 之后(此时,P1 口的引脚状态保持 50ms,即流水灯状态保持了 50ms),不再 return 返回到主程序的 while(1)处,而是顺序执行中断函数后续语句:

```
Count = 0;
kkk = kkk << 1;                         //数据左移 1 位
kkk = kkk|1;                            //数据末位置 1
if(kkk == 0xff)kkk = 0xfe;              //设置流水灯的控制数据初始值
P1 = kkk;                               //更新流水灯状态控制数据
```

通过这段代码,首先 Count=0,为下次 50ms 定时做准备。然后更新 P1 口的引脚状态值,从而更新流水灯的状态。

5.3 定时器控制交通灯

5.3.1 案例概述

通过 8051 系列微控制器控制十字路口模拟交通灯的变化,分别实现如下功能:

(1) 东西向绿灯与南北向红灯亮 4s;

(2) 东西向黄灯开始闪烁 6 次,绿灯关闭;

(3) 东西向红灯与南北向绿灯亮 4s;

(4) 南北向黄灯开始闪烁 6 次,绿灯关闭;

(5) 如此往复。

其中定时功能采用微控制器的定时器硬件模块实现。

5.3.2 要求

(1) 掌握微控制器定时器的原理、工作方式和应用编程；

(2) 掌握通过定时器硬件实现模拟交通灯的延时的时间控制方法。

5.3.3 知识点

定时器硬件原理、定时器功能的应用编程。

5.3.4 电路原理图

定时器控制十字路口模拟交通灯电路如图 5-3 所示。

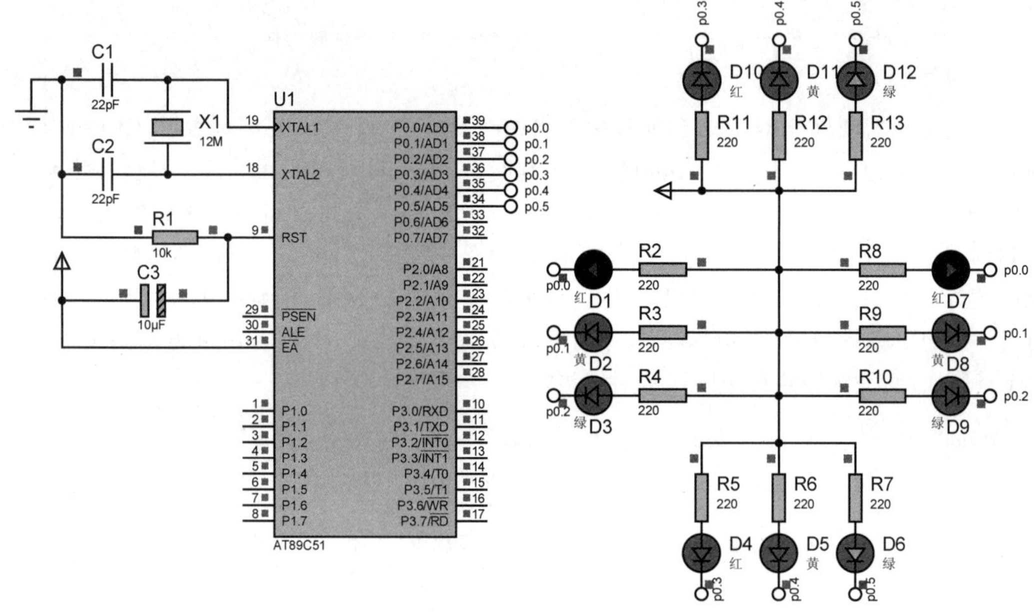

图 5-3 交通灯电路

案例中，东西向的红、黄、绿 3 个灯分别由微控制器的 P0.0、P0.1、P0.2 3 个引脚控制。南北向的红、黄、绿 3 个灯分别由微控制器的 P0.3、P0.4、P0.5 3 个引脚控制。另外，所有 LED 灯都是通过灌电流连接方式连接的。

5.3.5 案例应用程序

```
#include<reg51.h>
#define uchar unsigned char
#define uint unsigned int
sbit R_A = P0^0;                    //东西向指示灯
sbit Y_A = P0^1;
sbit G_A = P0^2;
sbit R_B = P0^3;                    //南北向指示灯
sbit Y_B = P0^4;
```

```
sbit G_B = P0^5;
uchar TC = 0,FC = 0,K = 1;              //定义延时倍数、闪烁次数、操作类型变量

//定时器 1 中断函数
void Timer1()  interrupt  3
{
    TL1 = - 50000/256;
    TH1 = - 50000 % 256;                //50ms 定时的初值
    switch(K)
    {
        case 1: //东西向绿灯与南北向红灯亮 4s
                R_A = 1;Y_A = 1;G_A = 0;              //P0^2 = 0,灯亮
                R_B = 0;Y_B = 1;G_B = 1;
                if(++TC!= 80) return;                 //4s(80 × 50ms)切换
                TC = 0;
                K = 2;
                break;
        case 2: //东西向黄灯开始闪烁,绿灯关闭
                if(++TC!= 10) return;                 //延时 10 × 50ms
                TC = 0;
                Y_A = ~Y_A;G_A = 1;
                if(++FC!= 12) return;                 //闪烁 6 次
                FC = 0;
                K = 3;
                break;

        case 3: //东西向红灯与南北向绿灯亮 4s
                R_A = 0;Y_A = 1;G_A = 1;
                R_B = 1;Y_B = 1;G_B = 0;
                if(++TC!= 50) return;                 //4s(80 × 50ms)切换
                TC = 0;
                K = 4;
                break;

        case 4: //南北向黄灯开始闪烁,绿灯关闭
                if(++TC!= 10) return;                 //延时 10 × 50ms
                TC = 0;
                Y_B = ~Y_B;G_B = 1;
                if(++FC!= 12) return;                 //闪烁 6 次
                FC = 0;
                K = 1;
                break;
    }
}

//主程序
void main()
{
    TMOD = 0x10;                                      //T1 方式 1
    TL1 = - 50000/256;                                //初值设置,方式 1 最多 56ms
    TH1 = - 50000 % 256;
```

```
    IE = 0x88;
    TR1 = 1;
    while(1);
}
```

5.3.6 案例分析

案例代码中主要有两个函数：主函数 main()和定时器 1 的中断函数 timer1()。主函数完成定时器 1 的初始化工作，交通灯亮灭的 4 种效果控制代码由函数 timer1()完成。

案例中，为了简化定时器初值的十六进制转换计算，初值高 8 位采取取商计算，即 TH0＝(65536－50000)/256；初值低 8 位采取取余计算，即 TL0＝(65536－50000)％256。因此，定时器初值为：

```
TL1 = - 50000/256;
TH1 = - 50000 % 256;
```

交通灯中的黄灯闪烁 6 次的实现在 switch 语句的 case 2 分支中，具体代码如下：

```
if(++FC!= 12) return;            //闪烁 6 次
FC = 0;
Y_A = ～Y_A; G_A = 1;
```

每次执行语句＋＋FC 后判断变量 FC 的值。如果 FC 的值不等于 12，则返回到调用此语句所在函数的地方，也就是返回到调用定时器 1 中断函数 timer1()的地方，即主程序的 while(1)处。此时黄灯状态为灭。

当定时器定时时间达到 50ms 后就产生溢出，随后程序重新进入中断函数 timer1()，再次执行 case 2 分支，重新执行如下代码：

```
if(++TC!= 10) return;            //延时 10×50ms
TC = 0;
Y_A = ～Y_A;G_A = 1;
```

当定时器硬件定时 50ms 溢出过程达到 10 次，即延时 10 个 50ms 后，才继续执行代码 Y_A＝～Y_A 和 G_A＝1，实现 Y_A 取反，此时黄灯状态为亮。从而实现黄灯亮灭一次，实现闪烁的效果。

直到上述过程执行 12 次后，FC＝12，不再 return 返回到主程序的 while(1)处，而是顺序执行后边语句(FC＝0；K＝3;)，为下次黄灯闪烁 6 次做准备，并切换交通灯的操作类型为 3。另外，switch 分支结构中的 case 4 分支实现的原理与 case 2 原理相同。

交通灯中的红灯或绿灯亮 4s 的实现在 switch 语句的 case 1 分支中，具体代码如下：

```
if(++TC!= 80) return;
TC = 0;
```

每次执行语句＋＋TC 后判断变量 TC 的值。如果 TC 的值不等于 80，则返回到调用此语句所在函数的地方，也就是返回到调用定时器 1 中断函数 timer1()的地方，即主程序的 while(1)处。

当定时器定时时间达到 50ms 后就产生溢出，随后程序重新进入中断函数 timer1()，再次执行 case 1 分支，重新执行如下代码：

```
if(++TC!= 80) return;
TC = 0;
```

当定时器硬件定时 50ms 溢出过程达到 80 次，即延时 80 次 50ms 后，不再 return 返回到主程序的 while(1)处，而是顺序执行 TC=0，为下次延时 4s 做准备。此时已经延时 80×50ms，实现绿灯或红灯持续亮 4s 的效果。另外，switch 分支结构中的 case 3 分支实现的原理与 case 1 原理相同。

第 6 章

串口通信案例

基于 Proteus 硬件仿真工具和 Keil 程序设计软件，本章设计了微控制器中串口通信接口原理及应用相关的案例，包括微控制器与 PC 的串口通信、微控制器与微控制器的串口通信，每个案例提供了详尽的软硬件设计，包括仿真电路和完整的参考程序。

6.1 串口通信

6.1.1 案例概述

编写 8051 系列微控制器的串口模块的初始化、接收和发送过程的程序。实现微控制器通过串口与 PC 进行数据通信。PC 通过串口调试助手软件发送字符串至微控制器，微控制器接收字符串并在虚拟终端显示，同时将字符串返回给 PC 并在串口调试助手显示。

6.1.2 要求

掌握使用微控制器的串行通信口与 PC 进行数据通信的方法。

6.1.3 知识点

微控制器内部串口模块硬件原理、工作方式；ISIS 中的 COMPIM 模块应用方法。

6.1.4 电路原理图

本案例主要涉及 8051 系列微控制器的串口模块的使用方法、Proteus ISIS 提供的虚拟终端、COMPIM 模块的使用方法，另外还涉及 Windows 下虚拟串口软件工具、串口调试助手软件的使用方法。本案例原理如图 6-1 所示。

微控制器串口通信电路图如图 6-2 所示，微控制器的串口引脚 TXD(P3.1)、RXD(P3.0)上连接了一个 COMPIM 模块，P2.1 引脚驱动一个发光二极管。同时在 TXD 引脚连接了一个虚拟终端用于观察实时数据。

6.1.5 案例分析

案例中，通过编程设置微控制器串口的波特率、数据位、奇偶校验位、停止位设置分别为 9600bps、8、none、1，并且这些参数与虚拟终端、COMPIM 模块、串口调试助手软件的串口参数设置完全一致。

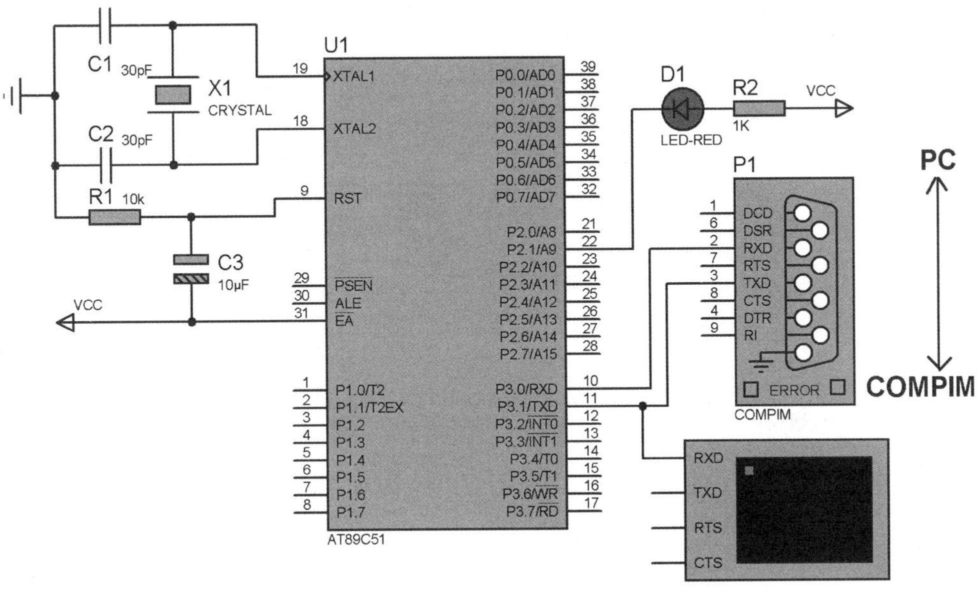

图 6-1　串口通信电路图

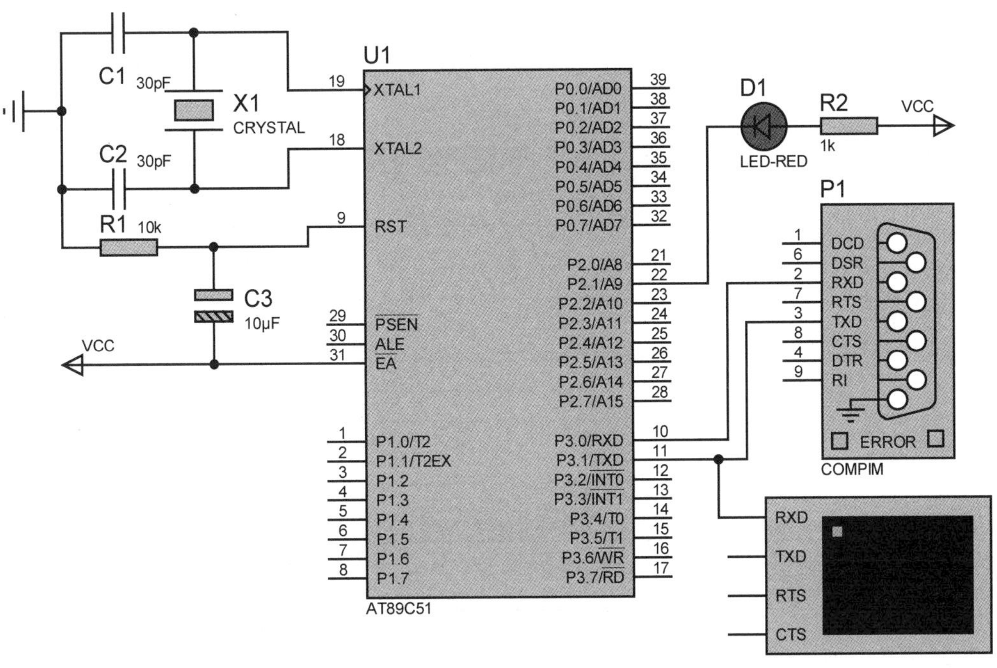

图 6-2　微控制器 COMPIM 模块连接图

Proteus ISIS 提供的虚拟终端模块是与实际的物理键盘关联的，接收物理键盘输入，并且显示微控制器通过串口输出的数据。虚拟终端属性对话框如图 6-3 所示，可在其中进行相关参数的设置，如波特率、数据位、奇偶校验位和停止位，参数值如前所述。

Proteus ISIS 提供的 COMPIM 模块的引脚与微控制器对应引脚连接起来，一般将 TXD、RXD 连接即可。COMPIM 模块属性对话框如图 6-4 所示，可在其中进行相关参数的

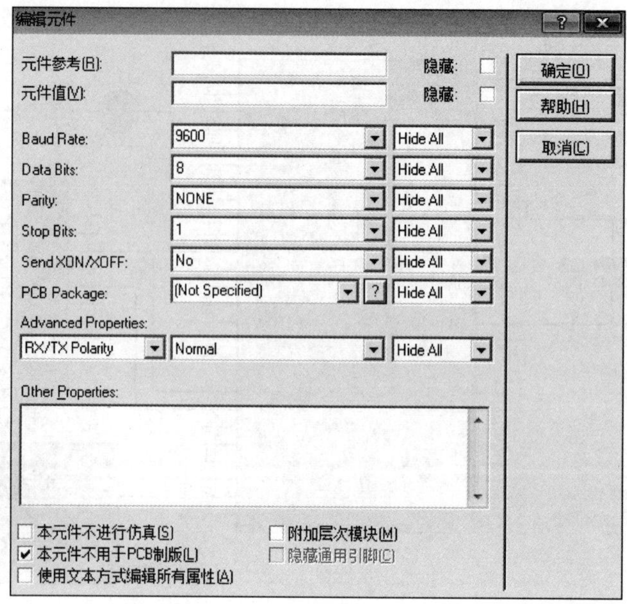

图 6-3　虚拟终端串口参数设置

设置，如物理端口、波特率、数据位、奇偶校验位和停止位，参数值如前所述。其中物理端口是 COMPIM 模块与 PC 通信时，将 COMPIM 模块物理端口映射到一个 PC 的虚拟串口号，比如 COM3。

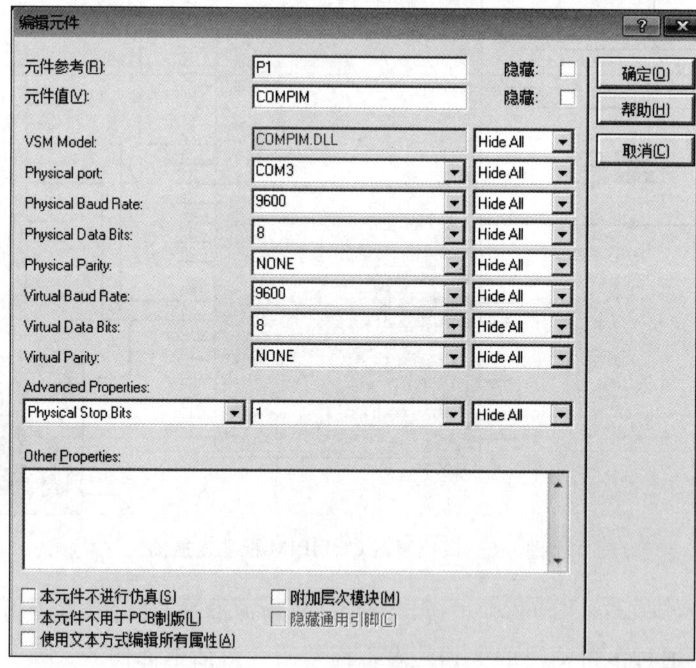

图 6-4　COMPIM 模块属性设置

由于PC只有一个或者没有串口,所以需要利用软件工具模拟串口。PC的虚拟串口号是通过工具虚拟串口软件(VSPD,注意不是串口精灵)增加的。通过该工具可以为PC增加虚拟串口(不能与PC现有的物理串口号冲突),每次操作增加一对串口,这两个虚拟串口是逻辑上交叉连接的,以便实现串口通信。利用虚拟串口软件可以为PC增加多对虚拟串口。

如图6-5所示,利用虚拟串口软件为PC增加虚拟串口,通过设备管理器观察,PC多了两个串口COM2、COM3,如图6-6所示。

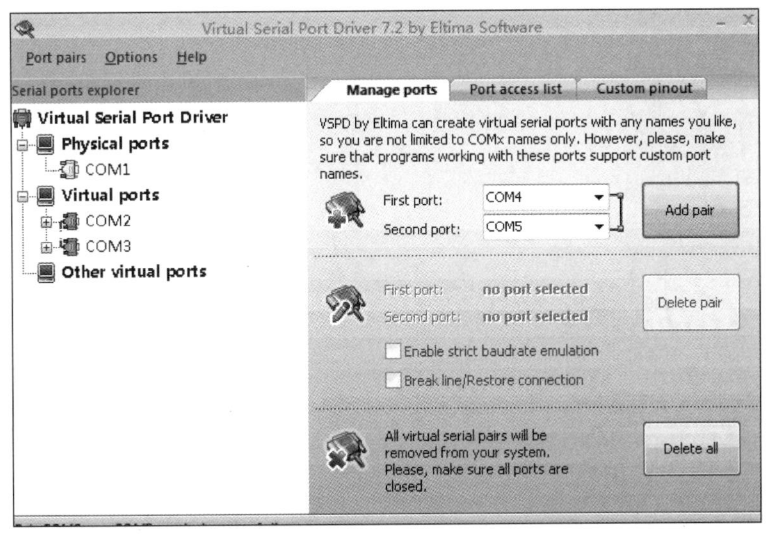

图6-5 添加虚拟串口

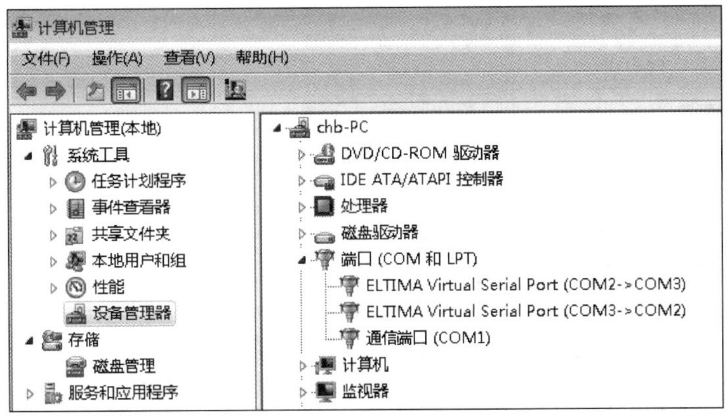

图6-6 设备管理器端口

PC通过串口调试助手软件作为操作界面,发送或接收显示串口通信数据,如图6-7所示。串口参数波特率、数据位、奇偶校验位、停止位设置的值如前所述。需要注意的是,要将串口调试助手的串口号设置或映射到另外一个虚拟串口COM2,以便实现与ISIS中的COMPIM模块进行串行通信。

仿真运行本案例,另外在PC的串口调试助手中发送一串数据,注意不要选择十六进制发送,才能发送成功。数据通过COMPIM模块被微控制器接收,最后微控制器将收到的数据原样返回。可以在 ISIS 中通过虚拟终端显示窗口观察相应的返回数据内容，而且每接收到一帧数据，LED 灯状态变反。参考仿真效果如图 6-8 所示。

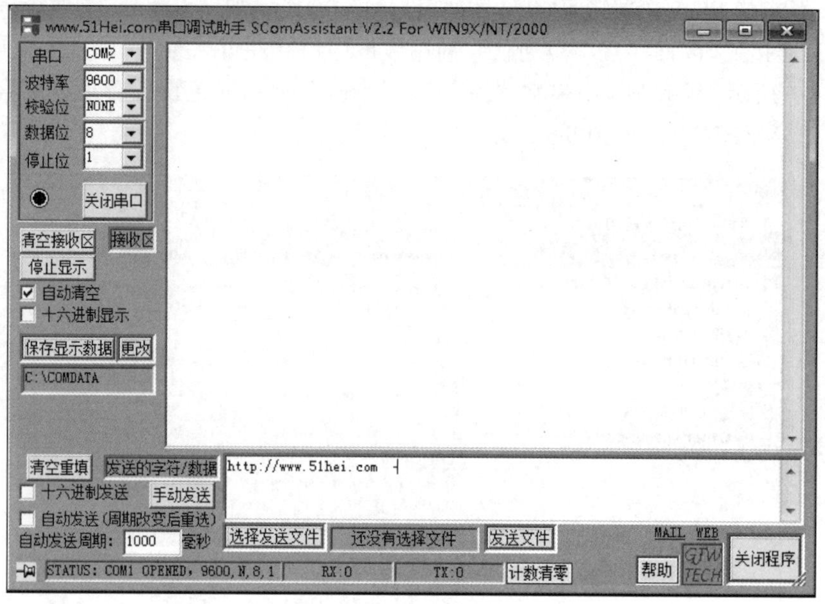

图 6-7 串口精灵

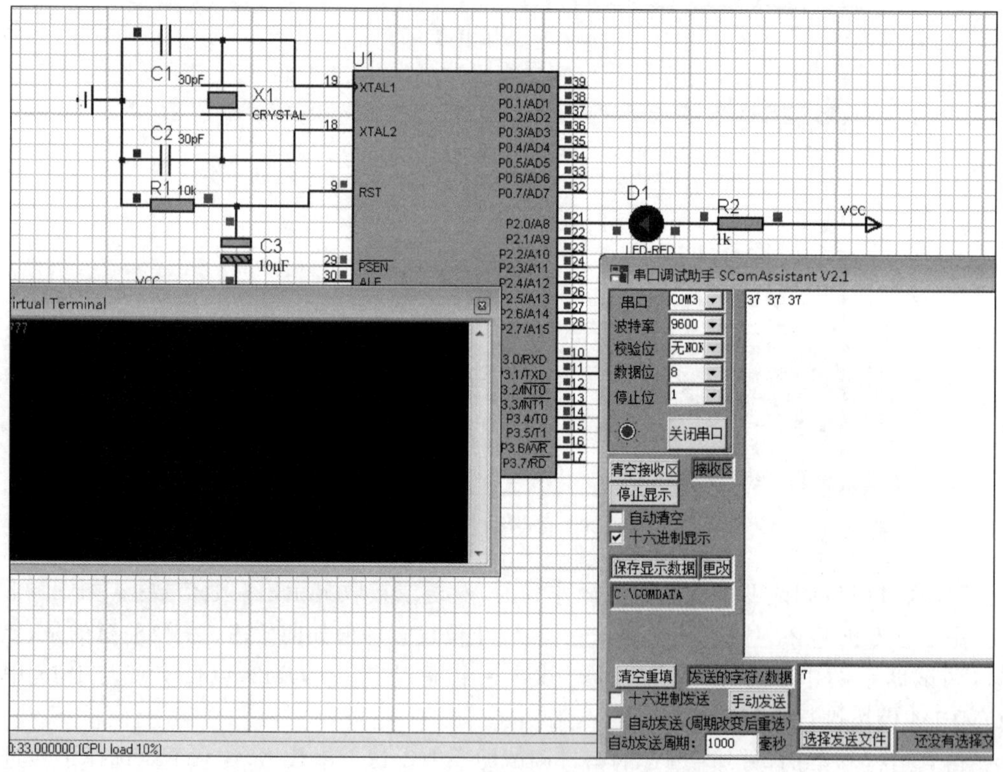

图 6-8 仿真效果

6.1.6 程序代码

8051系列微控制器中的串口模块的初始化、接收和发送过程的程序如下,其中串口发送过程采用查询方式,而串口接收过程采用中断方式,因为接收数据过程是随机发生的。

```
#include<reg51.h>
sbit LED = P2^1;
void InitUART(void)            //串口初始化
{
TMOD = 0x20;                   //定时器工作在方式2
SCON = 0x50;                   //串口方式初始化
TH1 = 0xFD;                    //定时器初值,确定串口的波特率为9600bps
TL1 = TH1;
PCON = 0x00;                   //波特率不加倍
EA = 1;                        //允许总中断
ES = 1;                        //允许串口中断
TR1 = 1;                       //启动定时器,产生串口波特率信号
}

void Send(unsigned char x)     //串口发送函数,采用查询方式
{
SBUF = x;
while(TI == 0);
TI = 0;
}

void Serial(void) interrupt 4 using 0     //串口接收过程采用中断方式
{
unsigned char temp;
if(RI == 1)                    //接收一帧数据完毕
{
RI = 0;                        //中断标识复位
temp = SBUF;                   //保存数据
Send(temp);                    //返回接收到的数据
LED = ~LED;                    //接收到一帧数据,LED灯状态变反
}
}

int main(void)
{
InitUART();
 while(1)                      //主程序等待串口接收中断发生,否则空操作
 {
 }
}
```

6.2 MCU-MCU串口通信

6.2.1 案例概述

通过8051系列微控制器控制实现如下功能:

两个 MCU 进行串行口方式 1 通信，其 fosc 均为 11.0592MHz，波特率为 9600bps。其中甲机发送数据，乙机接收数据。甲机循环发送字符 A～F，并根据乙机的返回值决定继续发送下一字符(若发送值与返回值相等)或重复发送当前字符(若发送值与返回值不相等)。乙机接收数据后返回接收到的字符。串口都采用查询法检查收发是否完成。发送值和接收值分别显示在双方共阴极 LED 数码管上。

6.2.2 要求

(1) 掌握两个微控制器使用串行口进行数据通信的方法；

(2) 掌握微控制器的串行通信口应用编程。

6.2.3 知识点

微控制器内部串口模块硬件原理、工作方式 1 特点及应用。

6.2.4 电路原理图

案例电路原理图如图 6-9 所示，两个 MCU 的串行口引脚 TXD、RXD 交叉连接，并且各自通过 P2 口驱动一个共阴极数码管显示发送和接收的字符数据。

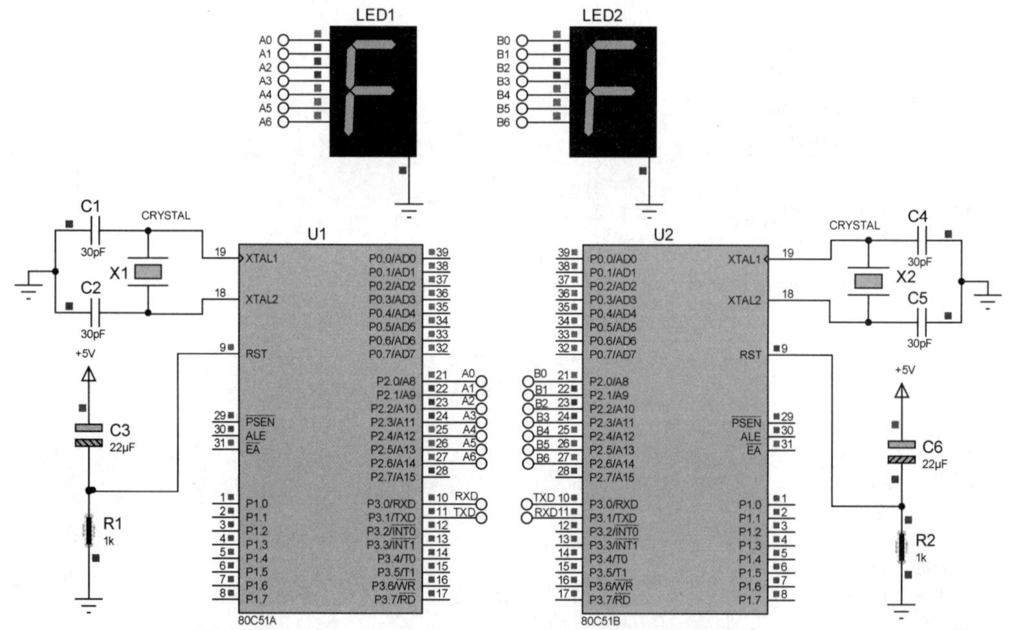

图 6-9 MCU-MCU 串行通信电路图

6.2.5 案例应用程序

发送方通信程序如下：

```
#include<reg51.h>
#define uchar unsigned char
char code map[ ] = {77H,7CH,39H,5EH,79H,71H};        //'A'～'F'的显示段码
```

```
void delay(unsigned int time){
    unsigned int j = 0;
    for(;time > 0;time -- )
    for(j = 0;j < 125;j++);
}

void main(void){
    uchar counter = 0;                          //定义计数器
    uchar chb = 'A';
    TMOD = 0x20;                                //T1 定时方式 2
    TH1 = TL1 = 0xfd;                           //9600bps
    PCON = 0;                                   //波特率不加倍
    SCON = 0x50;                                //串口方式 1、TI 和 RI 清零、允许接收
    TR1 = 1;                                    //启动 T1
    while(1){
       SBUF = chb;                              //发送'A'
       while(TI == 0);                          //等待发送完成
       TI = 0;                                  //清 TI 标志位
       while(RI == 0);                          //等待乙机回答
       RI = 0;
       if(SBUF  == chb){                        //若返回值与发送值相同,准备下一个新数据
            P2 = map[counter];                  //显示已发送值
            chb = chb + 1;                      //更新待发送的数据
            if(++counter > 5){ counter = 0; chb = 'A'; }  //修正计数器值和发送的字符初值
            delay(500);
            }
       }
}
```

接收方通信程序如下:

```
# include < reg51.h >
# define uchar unsigned char
char code map[ ] = {77H,7CH,39H,5EH,79H,71H };      //字符'A'~'F'的显示段码

void main(void){
    uchar receiv;                               //定义接收缓冲
    TMOD = 0x20;                                //T1 定时方式 2
    TH1 = TL1 = 0xfd;                           //9600bps
    PCON = 0;                                   //波特率不加倍
    SCON = 0x50;                                //串口方式 1、TI 和 RI 清零、允许接收
    TR1 = 1;                                    //启动 T1
    while(1){
        while(RI == 1){                         //等待接收完成
           RI = 0;                              //清 RI 标志位
           receiv = SBUF;                       //取得接收值
           SBUF = receiv;                       //结果返送主机
           while(TI == 0);                      //等待发送结束
           TI = 0;                              //清 TI 标志位
           receiv = receiv&0x0F;                //把数据的低 4 位取出作为下标
```

```
            P2 = map[receiv - 1];                  //数码管显示接收的字符
        }
    }
}
```

6.2.6 案例分析

根据通信要求,两个微控制器的串口模块波特率均为 9600bps。要达到波特率为 9600bps,为串口提供波特率信号的定时器初值设置为 TH1＝TL1＝0xfd;另外波特率不加倍,即 SMOD＝0 或 PCON＝0。注意,串口模块有两个物理上独立的 SBUF,但是地址都是 0x99。

发送方甲首先发送变量 chb 的初始值'A',通过语句 SBUF＝chb 实现,此处的 SBUF 是发送 SBUF。之后甲等待接收方乙返回的值,甲判断返回值与刚刚发送的值是否相同,通过语句 if(SBUF＝＝chb)实现,此处的 SBUF 是接收 SBUF。如果相同就通过更新 chb 的 ASCII 值继续发送下一个字符,否则重复循环体重复发送上一个字符。循环过程中,如果循环次数值 count 大于 5,一次循环结束,即一轮发送字符'A'～'F'的过程完成。

接收方通过串口接收甲发送的字符,并立即原样返回,实现语句是:

```
receiv = SBUF;                              //取得接收值,此处 SUBF 是接收 SBUF
SBUF = receiv;                              //结果返送主机,此处 SUBF 是发送 SBUF
```

接收方为了显示接收到的字符,需要根据收到的字符'A'～'F'来换算出其对应的段码。方法是先把收到的字符的低 4 位截取出来作为下标,再查段码表得到段码。实现语句如下:

```
receiv = receiv&0x0F;
P2 = map[receiv - 1];
```

第 7 章

输出显示模块案例

基于 Proteus 硬件仿真工具和 Keil 程序设计软件，本章设计了输出显示模块原理及应用相关的案例，包括 LED 数码管动态显示、74LS164 驱动数码管显示、74HC273 驱动数码管显示、点阵屏显示、点阵屏移动显示和字符型液晶显示器 LCD1602 显示案例，每个案例提供了详尽的软硬件设计，包括仿真电路和完整的参考程序。

7.1 LED 数码管动态显示

7.1.1 案例概述

按照电路图，数码管采用共阴极接法，P2 口信号作为数码管段码输入接口，P1 口低 3 位作为译码器 74LS138 的输入信号 ABC，译码器 74LS138 的 8 个输出信号作为 8 个数码管的位选择信号。编写通过 8051 系列微控制器控制 8 个数码管同时显示 0 并持续保持约 500ms 的程序，然后编写在 8 个数码管同时显示 12345678 并保持的程序。参考电路原理图如图 7-1 所示。

静态 LED 显示法有着显示亮度大，软件较为简单的优点，但硬件上使用芯片多，每个 LED 显示器都需要一个驱动电路。LED 动态显示的原理是分时轮流选通数码管的公共端，使得各数码管轮流导通，在选通相应 LED 后，即在显示字段上得到显示字形码。这种方式不但能提高数码管的发光效率，而且由于各个数码管的字段线是并联使用的，从而大大简化了硬件线路。动态扫描显示接口是微控制器系统中应用最为广泛的一种显示方式，其接口电路是把所有显示器的 8 个笔画段 a～dp 同名端并联在一起，而每一个数码管的公共极 COM 是各自独立地受 I/O 线控制。

动态扫描是指采用分时的方法，轮流控制各个显示器的 COM 端，使各个显示器轮流点亮。动态扫描 8 位 LED 数码管显示接口电路中由双向缓冲器 74HC245 提供数码管段码，即 8 段输入信号 a～dp 的驱动。译码器 74LS138 提供数码管的位码 COM1～COM8 的驱动。74LS138 的输入 ABC 由微控制器的 P1.0、P1.1、P1.2 控制。P1.7 引脚作为使能控制信号控制译码器及数码管能否正常工作。如需要控制数码管黑屏时，可以直接通过设置 P1.7=1，从而使得 74LS138 译码器失效，不选中任何数码管。

图 7-1 中，74HC245 是 8 路同相三态双向总线收发器，可双向传输数据，用来驱动 LED 或者其他的设备。74HC245 还具有双向三态功能，既可以输出，也可以输入数据。当片选端 $\overline{CE}$ 低电平有效时，AB/$\overline{BA}$=0，信号由 B 向 A 传输(接收)；AB/$\overline{BA}$=1，信号由 A 向 B

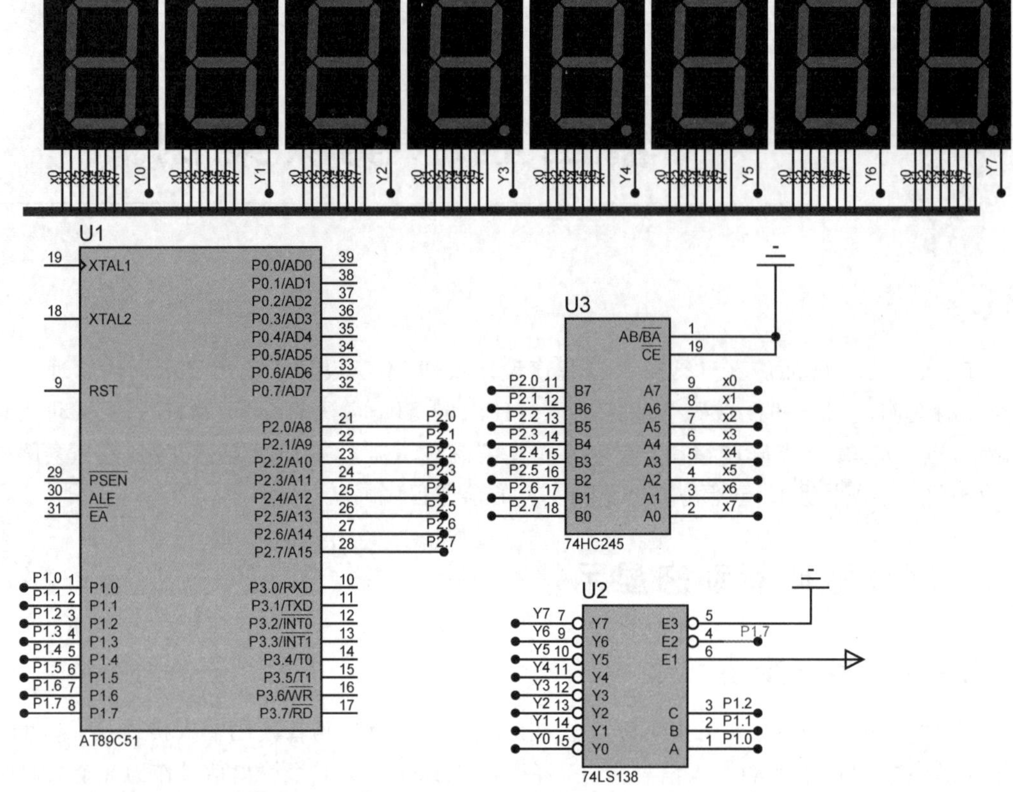

图 7-1 LED 数码管动态显示电路图

传输(发送)；当 $\overline{CE}$ 为高电平时，A、B 均为高阻态。

7.1.2 要求

(1) 熟悉数码管的内部结构、显示工作原理；

(2) 掌握数码管的静态、动态显示驱动程序设计。

7.1.3 知识点

数码管的结构、静态、动态显示原理知识。译码器 74LS138 的应用。

7.1.4 程序流程图及代码

```
#include <intrins.h>
#include <REG51.H>                         //自动找安装环境的文件
#define TRUE 1
#define dataPort    P2                     //定义 P2 为段输出口
#define ledConPort P1                      //定义 P1 为位输出口
unsigned char code ch2[9] = {0x3f,0x06,0x5b,0x4f,0x66,0x6d,0x7d,0x07,0x7f};   //LED 数码管显示
                                                                              //0～8 的段码
void time(unsigned int ucMs);              //延时单位: ms
```

```
void main(void)
{
    unsigned char i,counter = 0;              //各 LED 灯状态值数组的索引
    //1.显示"0.0.0.0.0.0.0.0.",持续约 500ms;
    for(i = 0;i < 30;i++){
        for(counter = 0;counter < 8;counter++)   // 8 个
        {
            ledConPort = counter;
            //P2 轮流选择 1 个数码管,注意 P1.7 = 0,74LS138 译码器可以工作
            dataPort = 0x3f ;                  //显示数字 0
            time(5);                           //延时 5ms
        }
    }
//2.灭显示器,即不选中任一个数码管,持续约 2s,0000～0111
    P1 = 0xff;                                 //注意 P1.7 = 1,74LS138 译码器不能工作
    time(2000);
//3.显示"12345678",保持
    while(TRUE)
        {
            for(counter = 0; counter < 8; counter++)
            {
                ledConPort = counter ;
                //注意 P1.7 = 0,74LS138 译码器可以工作
                dataPort = ch[counter] ;
                //点亮选中的数码管,显示"1.2.3.4.5.6.7.8.",持续约 500ms
                time(5);                       //延时 5ms,肉眼感觉不出扫描显示
            }
        }
}

  void delay_5us(void)                         //延时 5μs,晶振改变时只用改变这一个函数
{
    _nop_();
    _nop_();
}

void delay_50us(void)                          //延时 50μs
{
    unsigned char i;
    for(i = 0;i < 4;i++)
    {
        delay_5us();
    }
}

void delay_100us(void)                         //延时 100μs
{
    delay_50us();
    delay_50us();
}
```

```
void time(unsigned int ucMs)                          //延时单位：ms
{
    unsigned char j;
    while(ucMs > 0){
        for(j = 0;j < 10;j++) delay_100us();
        ucMs -- ;
    }
}
```

7.1.5 案例分析

案例中，微控制器的 P2 口通过 74HC245 配合输出数码管的段码，P1 通过 74LS138 的配合输出数码管的位码。8 个数码管动态显示 HELLO666 的代码如下：

```
while(TRUE)
{
        for(counter = 0; counter < 8; counter++)
        {
            ledConPort = counter;
            dataPort = ch[counter] ;
            time(5);
        }
}
```

通过 8 次循环，对变量 ledConPort 即 P1 口的状态值依次赋值 000、001、…、111，从而控制译码器 74LS138 的 8 个输出端 Y0～Y7 依次只有一个为 0，而输出端 Y0～Y7 按顺序分别连接到一个数码管的公共阴极，从而作为位码实现数码管的选择控制。

每次选择一个数码管工作后，微控制器通过 dataPort 即 P2 口将一个字符的段码输出到 74HC245，继而传输到每个数码管，但是只有能正常工作的那个数码管显示字符，其他 7 个数码管灭。但是被选中工作的这个数码管显示延时很短的时间，下一次循环 P1 口的位码状态值改变，被选中工作的数码管改变，P2 口的段码值也改变。从而实现每个数码管轮流选中工作并显示一个不同的字符。如果每两个数码管选中工作之间的切换的时间非常短，利用人眼的视觉暂留特性，看到的就是 8 个数码管同时稳定地显示不同的字符。

7.2 74LS164 驱动数码管

7.2.1 案例概述

利用 74LS164 将 8051 微控制器的串口扩展为并行输出口，串口采用查询法输出串行数据并控制 LED 数码管依次循环显示数字 0～9。

7.2.2 要求

掌握串行通信模块的工作方式 0 的应用；掌握利用 74LS164 来扩展 8051 系列微控制器的串口转并口输出 I/O 引脚的方法。

7.2.3 知识点

串行模块硬件原理、相关的控制寄存器和串口数据传输应用驱动程序设计；74LS164芯片的硬件特点、接口设计和应用编程。

7.2.4 电路原理图

当微控制器的I/O接口数量不足时，可通过串口工作方式0进行扩展，但需要相应的扩展芯片74LS164或74LS165配合。使用方式0实现数据的移位输入、输出时，实际上是把串行口变成并行口使用。串行口作为并行输出口的应用电路如图7-2所示。

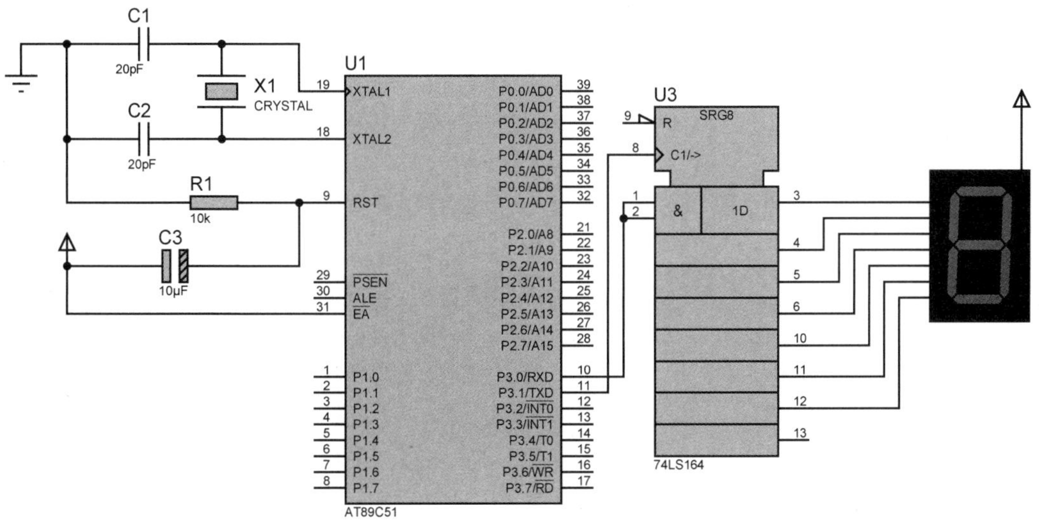

图7-2　74LS164驱动数码管电路图

在图7-2中，"串入并出"的移位寄存器74LS164的工作原理如下：

(1) 清零端(MR)若为低电平，输出端都为0；

(2) 清零端若为高电平，且时钟端(CP)出现上升沿脉冲，则输出端Q锁存输入端D的电平；

(3) 前级Q端与后级D端相连——起到移位作用，最先接收到的数将进入最高位。

7.2.5 案例应用程序

```
#include<reg51.h>
char led_mod[] = {0x3f,0x06,0x5b,0x4f,0x66,0x6d,0x7d,0x07,0x7f,0x6f};
//共阴极数码管段码
void delay(unsigned int time)
{
    unsigned int j = 0;
    for(;time>0;time--)
        for(j = 0;j<125;j++);
}
```

```
unsigned int reverse(int num)                    //对二进制数据进行逆序输出处理
{
    unsigned int i;
    unsigned int b;
    unsigned new_num = 0;
    for (i = 0; i < 8; i++)
    {
        b = num & 1;                             //取出最后一位
        new_num <<= 1;                           //新数左移
        new_num  = new_num|b;                    //把刚取出的一位加到新数
        num >>= 1;                               //原数右移,准备取第二位
    }
    return new_num;
}

void main() {
    unsigned char index, kkk;
    SCON = 0;                                    //设置串行模块工作方式 0
    while (1) {
        for (index = 0; index <= 9; index++) {
            kkk = reverse(~led_mod[index]);      //共阴极段码取反变为共阳极段码
            SBUF  = kkk;                         //输出段码
            do {} while(!TI);                    //判断串口是否发送完成
              TI = 0;
              delay(500);
        }
    }
}
```

7.2.6 案例分析

在工作方式 0 下,微控制器内部的串口模块作为 8 位同步移位寄存器使用。此时用引脚 RXD(P3.0)作为数据移位的入口和出口,而由 TXD(P3.1)引脚提供移位脉冲,其工作特点如下:

(1) 8 位数据为一帧,不设起始位和停止位,先发送或接收最低位。

(2) 数据传输波特率固定为 fosc/12。

(3) 由 RXD 引脚输入或输出数据。

(4) TXD 引脚输出 fosc/12 时钟信号。

串行口作为并行输出口使用时,要有"串入并出"的移位寄存器配合(例如,CD4049 或 74LS164),如果把能实现并入串出功能的移位寄存器(例如,CD4014 或 74LS165)与串行口配合使用,就可以把串行口变为并行输入口使用。注意:当串口工作在方式 0 时,移位操作的波特率是固定的,为微控制器晶振频率的 1/12,即波特率为 fosc/12。案例中,使用 74LS164 的关键问题是 74LS164 的数据倒序校正。由于 74LS164 最先接收到的数将进入最高位,而当串口工作在方式 0 时,先发送或接收数据的最低位,所以微控制器通过串口串行发送的数据顺序与 74LS164 输出的数据顺序正好完全相反。比如,欲使 74LS164 输出

11111110B,微控制器的串口中 SBUF 发送数据应为 0111 1111B (0x7f)。数据倒序校正具体实现如下：

```
unsigned int reverse(int num)                       //对二进制数据进行逆序输出处理
{
    unsigned int i;
    unsigned int b;
    unsigned new_num = 0;
    for (i = 0; i < 8; i++)
    {
        b = num & 1;                                //取出最后一位
        new_num << = 1;                             //新数左移
        new_num  = new_num|b;                       //把刚取出的一位加到新数
        num >> = 1;                                 //原数右移,准备取第二位
    }
    return new_num;
}
```

7.3 74HC273 驱动数码管

7.3.1 案例概述

8051 系列微控制器通过扩展的 3 个锁存器 74HC273,对 3 个共阴极七段数码管进行驱动显示。显示内容为递增的秒时间数据。

7.3.2 要求

掌握利用锁存器来扩展微控制器的输出引脚的方法。

7.3.3 知识点

锁存器 74HC273 的硬件特点、接口设计和应用编程；数码管显示驱动程序设计。

7.3.4 电路原理图

案例电路原理图如图 7-3 所示。

案例原理图中,采用 3 个 74HC273 分别连接一个数码管,以便分别驱动数码管显示不同的内容。微控制器通过 3 个不同的 I/O 引脚(P2.5、P2.6、P2.7)与写信号引脚 $\overline{WR}$ 的配合(即二者输入到或非门 74HC02,或非门输出作为 74HC273 的 CLK 时钟信号),选中某一个 74HC273 工作,再通过此 74HC273 输出数据的段码实现显示。

74HC273 是一种带清除功能的 8D 触发器,D0～D7 为数据输入端,Q0～Q7 为数据输出端,正脉冲触发,低电平清除,常用作数据锁存器和地址锁存器。引脚 MR 为主清除端,低电平触发,即当为低电平时,芯片被清除,输出全为 0(低电平)；引脚 CLK 为触发端,上升沿触发,即当 CP 从低到高电平时,D0～D7 的数据通过芯片,为 0 时将数据锁存,D0～D7 的数据不变。

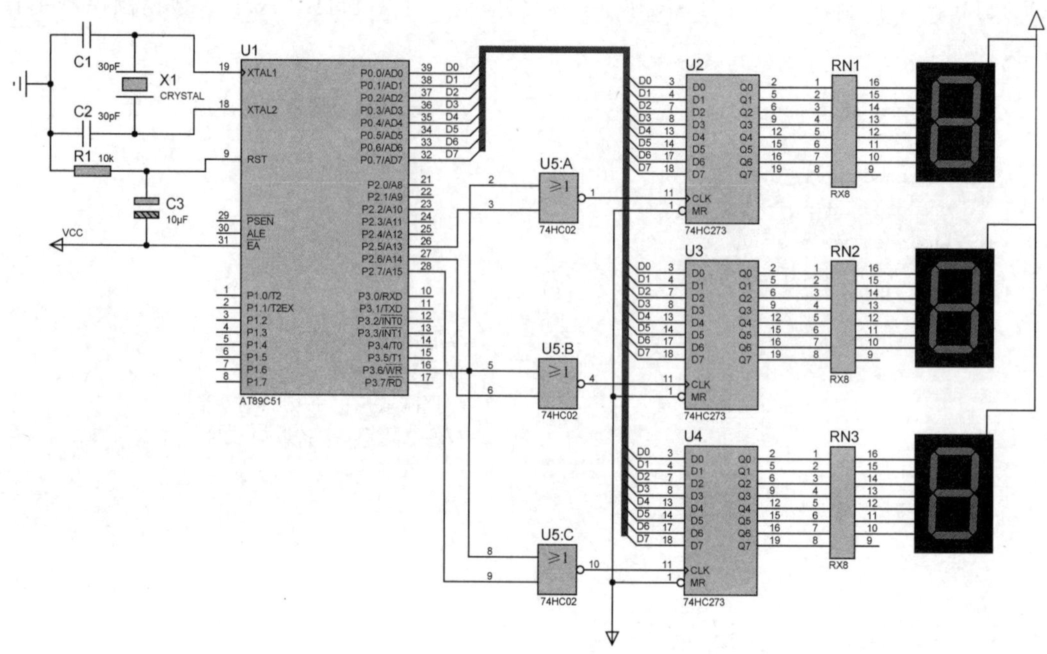

图 7-3　74HC273 驱动数码管电路图

7.3.5 案例应用程序

```
#include <reg51.h>
#include <absacc.h>                              //访问绝对地址的头文件
#define d1 XBYTE[0xDFFF]                         //定义 74HC273 的地址
#define d2 XBYTE[0xBFFF]                         //定义 74HC273 的地址
#define d3 XBYTE[0x7FFF]                         //定义 74HC273 的地址
bit  Flg = 0;
unsigned char ccc = 0x00;
unsigned char code LED[] = {0xc0,0xf9,0xa4,0xb0,0x99,0x92,0x82,0xf8,0x80,0x90,0x88};

void  Timer1(void)  interrupt  3  using 1       //定时器 1 的中断处理函数
{
    ET1 = 0;                                     //首先关闭中断
    TH1 = 0x3C;                                  //重新装入预置值
    TL1 = 0xB0;
    ET1 = 1;                                     //打开 T0 中断
    ccc++;
    if(ccc == 20)                                //定时 1s
    {
    Flg = 1;                                     //定时器中断标志位置位
    ccc = 0;
    }
}

int main(void)
```

```
{
  unsigned char t = 0;                          //计数器
  TMOD = 0x10;                                  //定时器 1 初始化,使用工作方式 1
  TH1 = 0x3C;
  TL1 = 0xB0;                                   //50ms 定时
  ET1 = 1;                                      //开启定时器 1 中断
  TR1 = 1;                                      //启动定时器
  EA = 1;                                       //开中断

  while(1)
  {
    while(Flg == 0);                            //等待延时标志位
    Flg = 0;
    if(t >= 100)                                //如果 i 已经到了 100,则返回
    {
      t = 0;
    }
    else
    {
      t++;
    }
    d1 = LED[t/100];                            //数码管 1 显示百位
    d2 = LED[t/10 % 10];                        //数码管 2 显示十位
    d3 = LED[t % 10];                           //数码管 3 显示个位
  }
}
```

7.3.6 案例分析

案例中,为了区分 3 个锁存器 74HC273,将锁存器 74HC273 作为微控制器的外部 RAM 设备,分别设置 3 个 74HC273 不同的外部 RAM 地址。通过对相应的 3 个地址单元分别输出数据,能够实现驱动 3 个数码管显示不同的数据。外部 RAM 地址说明如下:

(1) 地址 0xdfff 即 11011111B,表示 $\overline{WR}=0$、P2.5=0。信号输入到或非门 74HC02,或非门再输出送到 clk,高电平有效,第一个 74HC273 工作。微控制器将数据的百位送到 74HC273 的数据输入端。

(2) 地址 0xbfff 即 10111111B,表示 $\overline{WR}=0$、P2.6=0。信号输入到或非门 74HC02,或非门再输出送到 clk,高电平有效,第二个 74HC273 工作。微控制器将将数据的十位送到 74HC273 的数据输入端。

(3) 地址 0x7fff 即 01111111B,表示 $\overline{WR}=0$、P2.7=0。信号输入到或非门 74HC02,或非门再输出送到 clk,高电平有效,第三个 74HC273 工作。微控制器将数据的个位送到 74HC273 的数据输入端。

本例中 74HC273 的外部 RAM 地址访问是通过绝对宏 XBYTE 实现。C51 提供了 3 种访问绝对地址的方法,分别是绝对宏、关键字"_at_"、连接定位控制。本案例使用的绝对宏说明如下:

使用绝对宏时,需要添加头文件 absacc.h,在该文件中定义的绝对宏有 CBYTE、

XBYTE、PWORD、DBYTE、CWORD、XWORD、PBYTE、DWORD。

CBYTE：对程序存储区(code)的字节地址进行访问。例如，i=CBYTE[0X000F]表示i指向程序存储区的地址为0x000F的存储单元，地址范围为0X0000～0XFFFF。

XBYTE：对扩展RAM区的字节地址进行访问。例如，i=XBYTE[0X000F]表示i指向扩展RAM区的地址为0x000F的存储单元，地址范围为0X0000～0XFFFF。

PBYTE：对扩展RAM区的字节地址进行访问。

7.4 点阵屏显示

7.4.1 案例概述

通过微控制器控制8×8点阵屏，使其循环显示数字0～9。

7.4.2 要求

掌握微控制器控制点阵屏的动态显示原理和显示驱动编程。

7.4.3 知识点

8×8点阵屏硬件结构、动态显示字符原理及应用程序设计。

7.4.4 电路原理图

案例电路原理图如图7-4所示。

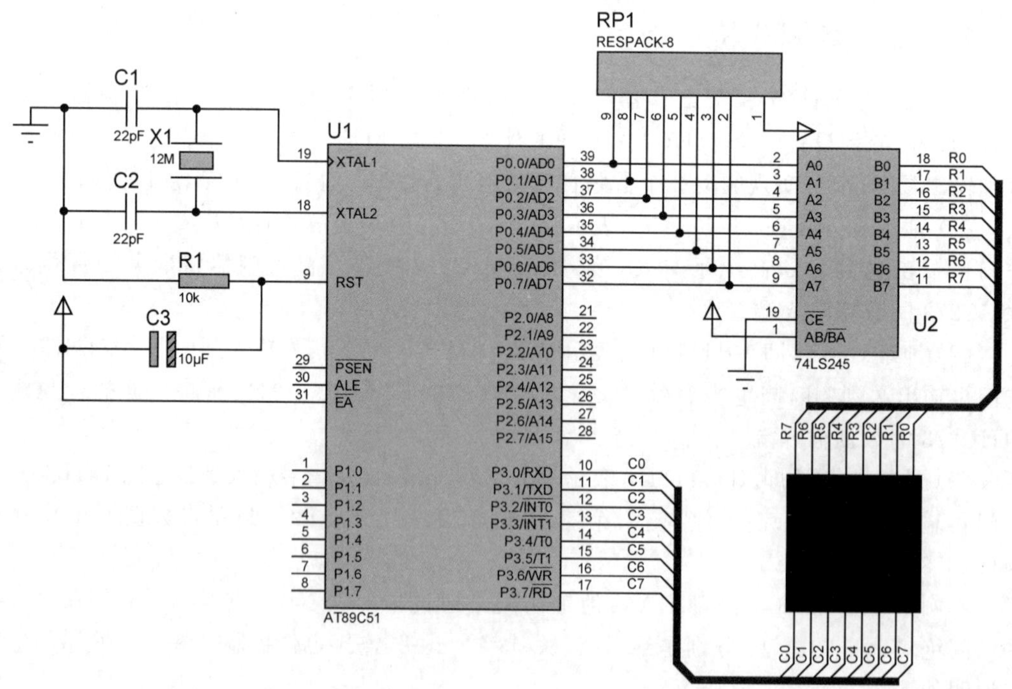

图7-4 点阵屏动态显示电路图

在 Proteus ISIS 中选择点阵屏元件 MATRIX-8×8-GREEN(在这里使用绿色的点阵)。需要注意的是,用动态扫描显示的方式点亮一个 8×8 点阵,在显示字符的过程中,所有的点阵元件都是高电平选中列,低电平选中行,即如果某一个点所处的行信号为低,列信号为高,则该点被点亮。这是点阵显示驱动编程的基础。通过微控制器输出 8 位位码用于选择点阵屏的某一列,输出 8 位段码控制该列的 8 个行的点的亮灭。本案例中,通过微控制器的 I/O 接口 P3 口的 8 个引脚状态数据控制点阵屏的列选。并且 P0 口 8 个引脚连接缓冲器 74LS245,其输出的数据控制点阵屏的行选。

7.4.5　案例应用程序

```
#include<reg51.h>
#include<intrins.h>
#define uchar unsigned char
#define uint unsigned int
//字模数组 code Table_of_Digits 定义
uchar code Table_of_Digits[] =
{
    0x00,0x3e,0x41,0x41,0x41,0x3e,0x00,0x00,    // 0
    //二进制位为 0 点亮、为 1 熄灭,字模控制数据与电路相反
    0x00,0x00,0x00,0x21,0x7f,0x01,0x00,0x00,    //1
    0x00,0x27,0x45,0x45,0x45,0x39,0x00,0x00,    //2
    0x00,0x22,0x49,0x49,0x49,0x36,0x00,0x00,    //3
    0x00,0x0c,0x14,0x24,0x7f,0x04,0x00,0x00,    //4
    0x00,0x72,0x51,0x51,0x51,0x4e,0x00,0x00,    //5
    0x00,0x3e,0x49,0x49,0x49,0x26,0x00,0x00,    //6
    0x00,0x40,0x40,0x40,0x4f,0x70,0x00,0x00,    //7
    0x00,0x36,0x49,0x49,0x49,0x36,0x00,0x00,    //8
    0x00,0x32,0x49,0x49,0x49,0x3e,0x00,0x00     //9
};
uchar i = 0,t = 0,Num_Index;

void main()
{
    P3 = 0x80;                              //选择 C7 列,即图中的最右边一列
    Num_Index = 0;                          //从 0 开始显示
    TMOD = 0x00;                            //T0 方式 0
    TH0 = (8192 - 2000)/32;                 //2ms 定时
    TL0 = (8192 - 2000) % 32;
    IE = 0x82;
    TR0 = 1;                                //启动 T0
    while(1);
}

void Display() interrupt 1                  //T0 中断函数
{
    TH0 = (8192 - 2000)/32;                 //恢复定时器的初值
    TL0 = (8192 - 2000) % 32;
    P0 = 0xff;                              //输出位码和段码,黑屏
```

```
    P0 = ~Table_of_Digits[Num_Index * 8 + i];      //段码输出
    //段码二进制位值为 0 是点亮、为 1 是熄灭,字模数据与电路相反,所以字模数据要取反
    P3 = _crol_(P3,1);                 //循环左移,选中 C0,P3 = 0x01;  即图中的最左列位码
    if(++i == 8) i = 0;                //一个数字的显示码由 8 字节构成
    if(++t == 256)                     //每个数字刷新显示一段时间,控制一个字符 8 列显示的轮数
                                       //一轮花的时间是 2ms × 8 = 16ms ,共 16 轮
    {
        t = 0;
        if(++Num_Index == 10) Num_Index = 0;       //显示下一个数字
    }
}
```

7.4.6 案例分析

本案例 8×8 LED 点阵屏循环显示数字 0～9 过程中,切换列用到的定时 2ms 用微控制器的定时器硬件实现,并采用定时器的中断工作方式。具体显示一个数字字符的驱动程序分析如下:

(1) 准备好待显示的数字(如 0)的字模。

按照图 7-5 所示字符 0 的显示形状,可以得到字符 0 的字模数组包括 8 个数据元素:

0xff,0xc1,0xbe,0xbe,0xbe,0xc1,0xff,0xff

字模数组中包含的每个数据元素其实是每一列的显示控制编码,即段码(行码)。例如,0 的 8 个字模数组元素:0xff,0xc1,0x41,0xbe,0xbe,0xc1,0xff,0xff 分别根据点阵图(见图 7-6)从左到右 8 个列的显示状态得到。

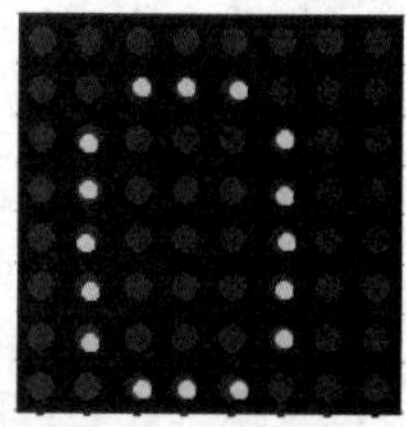

图 7-5　0 的形状

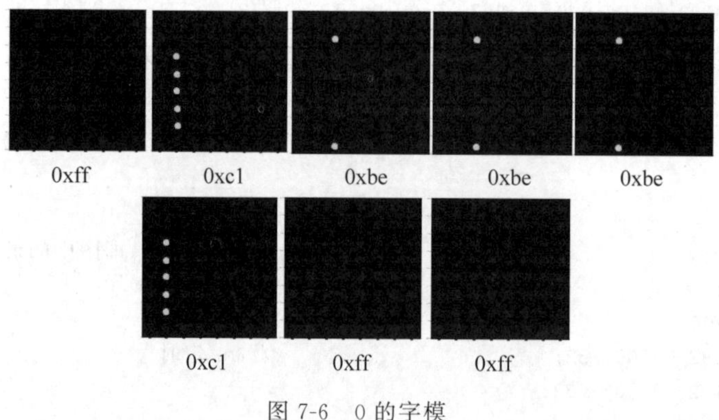

图 7-6　0 的字模

(2) P3 口引脚状态值作为列选数据,P0 口连接 74LS245 缓冲器后输出的数据作为行数据。

(3) 先由高电平选中 1 列,然后低电平选中行(行码送到 P0 口),使得相应行被点亮。行码即是点阵屏中竖着一列的编码,每列一个编码,8 列可以显示一个字符。

(4) 数字 0 显示过程。

定时器 T0 定时 t1＝2ms 时间到,送数字 0 的一个行码(段码),点阵屏显示一列。每次

定时 t1＝2ms 时间到后，由 P3 的列码选择下一个列，并显示该列的对应的段码。一个字符的 8 列轮流显示，通过控制定时 t1＝2ms 时间可以让 8 个列的显示切换速度很快。

另外，在一段时间 t2＝500ms 内，重复上述数字 0 的显示过程，循环显示 0 的 8 个段码，利用人眼的视觉暂留特性，看上去是显示稳定的字符 0。

(5) t2 定时到，按照步骤(4)，改变字符的行码，显示其他的数字字符。

7.5 点阵屏移动显示

7.5.1 案例概述

通过 8051 系列微控制器控制 8×8 点阵屏，使其循环移动显示数字 0～9。

7.5.2 要求

掌握微控制器控制点阵屏的移动显示字符的原理和显示驱动程序开发。

7.5.3 知识点

8×8 点阵屏硬件结构、字符移动显示原理及应用程序设计。

7.5.4 电路原理图

案例电路原理图如图 7-7 所示。

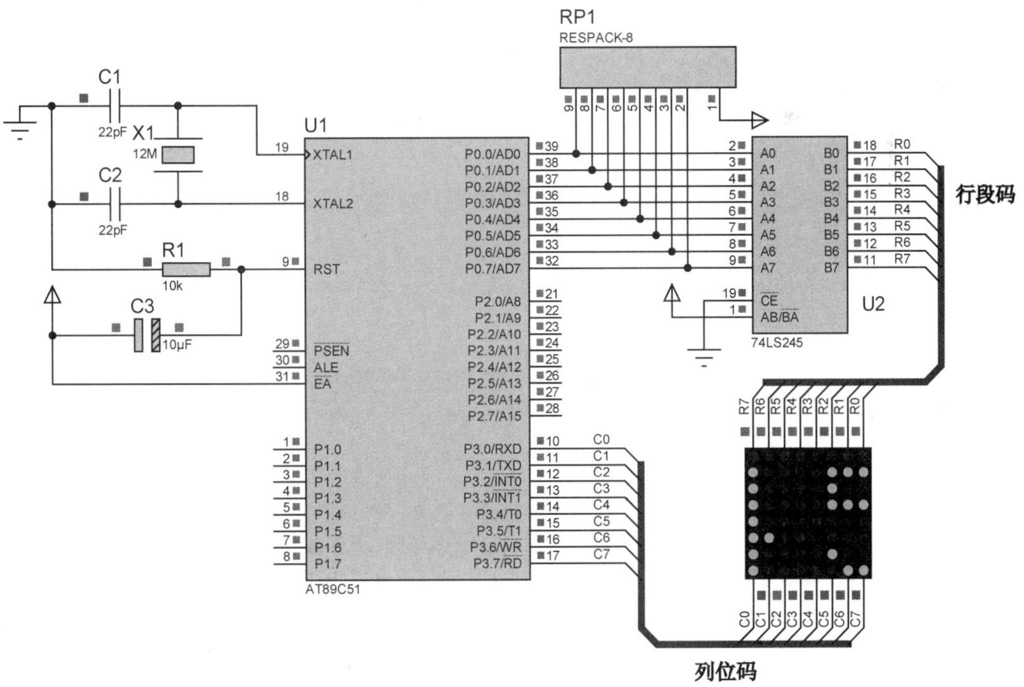

图 7-7　点阵屏移动显示电路图

在原理图中,微控制器的 I/O 接口 P0 口的 8 个引脚通过一个缓冲器 74LS245 连接到点阵屏的段码接口引脚,P3 口的 8 个引脚连接到点阵屏的位码接口引脚。注意,I/O 接口 P0 口需要外接上拉电阻。

7.5.5 案例应用程序

1. 软件延时方式

```
#include <reg51.h>
#define uchar unsigned char
#define uint unsigned int
//字模定义
uchar code Table2[] =
{
    0x00,0x3e,0x41,0x41,0x41,0x3e,0x00,0x00,      //0
    //字模是 1 点亮、0 灭,而电路中实际是 0 点亮、1 灭
    0x00,0x00,0x00,0x21,0x7f,0x01,0x00,0x00,      //1
    0x00,0x27,0x45,0x45,0x45,0x39,0x00,0x00,      //2
    0x00,0x22,0x49,0x49,0x49,0x36,0x00,0x00,      //3
    0x00,0x0c,0x14,0x24,0x7f,0x04,0x00,0x00,      //4
    0x00,0x72,0x51,0x51,0x51,0x4e,0x00,0x00,      //5
    0x00,0x3e,0x49,0x49,0x49,0x26,0x00,0x00,      //6
    0x00,0x40,0x40,0x40,0x4f,0x70,0x00,0x00,      //7
    0x00,0x36,0x49,0x49,0x49,0x36,0x00,0x00,      //8
    0x00,0x32,0x49,0x49,0x49,0x3e,0x00,0x00,      //9
    0x00,0x00,0x00,0x00,0x00,0x00,0x00,0x00,      //空屏
};

uchar i,t;

delay(uchar t)
{
while (t--)
{;}
}

void main(void)
{ uchar N,T;
while(1)
   {
     for(N = 0;N < 80;N++)              //循环扫描一遍 80 帧,第一次显示序号为 0~7 数据元素
                                        //第二次显示序号为 1~8 数据元素,依次进行下去
        for(T = 0;T < 30;T++)           //移动速度控制,即重复 30 遍让每个状态保持一定时间
            {
               P3 = 0x01;               //位码
               for(i = 0;i < 8;i++)
                  {
                    P0 = ~Table2[i + N];
                    delay(100);     //每列数据保持时间很短,8 列依次显示
```

```
                    P3 = P3 << 1;    //都是从第 1 列到第 8 列依次显示每轮的数据
                }
            }
        }
    }
}
```

2. 定时器中断方式

按照上述移动显示原理，参考代码如下：

```
#include <reg51.h>
#define uchar unsigned char
#define uint unsigned int
#include <intrins.h>                //包含循环左移、右移函数定义

uchar N,i = 0,t = 0;
uchar code Table2[] =               //字模定义
{
    0x00,0x3e,0x41,0x41,0x41,0x3e,0x00,0x00,      //0
    //为 1 点亮、为 0 灭,电路是为 0 点亮、为 1 灭
    0x00,0x00,0x00,0x01,0x7f,0x01,0x00,0x00,      //1
    0x00,0x27,0x45,0x45,0x45,0x39,0x00,0x00,      //2
    0x00,0x22,0x49,0x49,0x49,0x36,0x00,0x00,      //3
    0x00,0x0c,0x14,0x24,0x7f,0x04,0x00,0x00,      //4
    0x00,0x72,0x51,0x51,0x51,0x4e,0x00,0x00,      //5
    0x00,0x3e,0x49,0x49,0x49,0x26,0x00,0x00,      //6
    0x00,0x40,0x40,0x40,0x4f,0x70,0x00,0x00,      //7
    0x00,0x36,0x49,0x49,0x49,0x36,0x00,0x00,      //8
    0x00,0x32,0x49,0x49,0x49,0x3e,0x00,0x00,      //9
    0x00,0x00,0x00,0x00,0x00,0x00,0x00,0x00,      //空屏
};

//T0 中断函数
void Display() interrupt 1
{
    TH0 = (8192 - 2000)/32;         //恢复定时 2ms 的初值
    TL0 = (8192 - 2000) % 32;
    P0 = ~Table2[i + N];            //输出一列数据
    P3 = _crol_(P3,1);
    if(++i == 8) i = 0;             //一个数字的显示码由 8 字节构成
    if(++t == 30)                   //每个数字显示重复 30 遍刷新显示一段时间
    {
    t = 0;
    if(++N == 80) N = 0;            //显示下一个数字
    }
}

void main()
{
    P3 = 0x80;                      //选择 C7 列,即图中的最右边列
    N = 0;                          //从 0 开始显示
```

```
    TMOD = 0x00;                    //T0 方式 0
    TH0 = (8192 - 2000)/32;         //2ms 定时
    TL0 = (8192 - 2000) % 32;
    IE = 0x82;
    TR0 = 1;                        //启动 T0
    while(1);
}
```

7.5.6 案例分析

1. 软件延时方式

在点阵屏上从右往左移动显示 10 个字符 0～9,10 个数字的字模共有 80 个数据定义在数组中。

移动显示过程为：第一轮点阵屏 8 列显示的段码是数组序号为 0～7 的 8 个数据元素，第二轮点阵屏 8 列显示的段码是数组序号为 1～8 的 8 个数据元素，按照顺序依次进行显示。每轮段码的起始数据依次向后地址序号递加 1，共 80 轮数据，如此即可形成移动效果。

每轮输出到点阵屏的段码(8 个数组数据)依次显示在点阵屏的 8 个不同的列上，由于每列显示持续极短时间，利用人眼的视觉暂留特性，实现点阵屏的动态显示。另外，为了便于观察效果，每轮的数据重复显示若干次让每个状态保持一定时间。动态显示方法中的延时功能采用纯软件延时方法。

2. 定时器中断方式

点阵屏动态显示原理与软件延时方式下相同，只是点阵屏移动显示刷新过程可以由定时器中断方式完成。关键代码分析如下：

由定时器 T0 实现 2ms 定时，每隔 2ms，选中点阵屏不同的一列，再输出一个不同的列数据显示在点阵屏所选列上。具体实现方法如下：

t＝0、N＝0 时，中断程序中由变量 i＋N 控制数组序号为 0～7 的 8 个列数据依次输出到点阵屏的 8 个列实现动态显示。用定时器控制每隔 2ms 换一列，并更新列数据。当 8 列显示完毕，由变量 t 控制本次显示状态重复 30 遍，以便稳定显示一定时间。当＋＋t 后达到最大值 30，t 清零。同时让变量 N＋1，由 i＋N 继续控制数组序号为 1～8 的 8 个列数据依次输出到点阵屏的 8 个列显示。当＋＋N 后达到最大值 80，N 清零，10 个字符已经轮流显示一遍。然后按照前面的过程重复 10 个字符的循环显示。

7.6 字符型 LCD1602

7.6.1 案例概述

通过 8051 系列微控制器控制字符型显示器 LCD1602 显示字符串数据。

7.6.2 要求

(1) 掌握字符型显示器 LCD1602 的结构特点，工作原理和使用方法；

(2) 掌握 LCD1602 的字符显示驱动应用程序开发。

7.6.3 知识点

字符型显示器 LCD1602 的硬件结构、显示原理及显示驱动程序设计。自定义的字符显示原理。

7.6.4 原理

1. 字符型 LCD 简介

LCD 有段式、字符型、点阵型。字符型 LCD 一般将控制器、点阵驱动器、字符存储器和 LCD 集成在一个模块中，方便安装和使用。字符型 LCD 可以显示数字、字符、汉字、图形符号及少量自定义符号。字符型 LCD1602 可以显示 32 个字符(2 行，每行 16 个字符)。字符型 LCD1602 采用标准的 14 引脚(无背光)或 16 引脚(带背光)的接口。

2. 显示原理

LCD1602 液晶显示屏一般都是基于 HD44780 液晶芯片设计的，因为控制原理一致，所以一般的字符液晶显示均可运行有 HD44780 液晶芯片书写的代码。

LCD1602 字符液晶显示器一般分为两类，分别是 16 引脚和 14 引脚的，后者比前者少的那两条引脚，分别为接地引脚以及电源引脚 VCC，但这两种类别的液晶显示的工作原理是一致的。

1）产生显示字符的 ASCII 码

将待显示字符的 ASCII 码写入 DDRAM，LCD1602 内部控制器的字符产生器 CGROM 自动将字符的点阵数据找出并传输到显示器中显示。

2）显示模式的设置

LCD1602 显示字符内容之前，需要对其工作模式进行相应的设置。比如显示器为：16 字符×2 行、5×7 点阵字符、8 位数据口等显示模式，都需要通过控制命令对控制器进行控制实现。微控制器控制 LCD1602 的命令主要有 11 条，如表 7-1 所示。

表 7-1 LCD1602 的控制命令

编号	指　令	RS	RW	D7	D6	D5	D4	D3	D2	D1	D0	功能
1	清显示	0	0	0	0	0	0	0	0	0	1	清屏
2	返回光标	0	0	0	0	0	0	0	0	1	*	
3	设置输入的模式	0	0	0	0	0	0	0	1	I/D	S	
4	显示开或者关的控制	0	0	0	0	0	0	1	D	C	B	
5	字符或者光标的移位设置	0	0	0	0	0	1	S/C	R/L	*	*	
6	设置功能	0	0	0	0	1	DL	N	F	*	*	初始化指令
7	设置字符发生存储器的地址	0	0	0	1	字符发生存储器地址(AGG)						
8	设置数据存储的地址	0	0	1	显示数据存储器的地址(DDRAM 地址)							

续表

编号	指　　令	RS	RW	D7	D6	D5	D4	D3	D2	D1	D0	功能
9	读地址或者忙标志	0	1	BF	计数器地址(AC)							
10	写数据到 DDRAM 或者 CGRAM	1	0	需要写一字节的数据								
11	从 DDRAM 或者 CGRAM 中读数据	1	1	读到的一字节数据								

主要的控制命令介绍：

输入模式设置指令。设定每次写入 1 位数据后光标的移位方向，并且设定每次写入的一个字符是否移动。参数设定如下所示：

位名	设置
I/D	0=写入新数据后光标左移
	1=写入新数据后光标右移
S	0=写入新数据后显示屏不移动
	1=写入新数据后显示屏整体右移 1 个字

显示开关控制指令。控制显示器开/关、光标显示/关闭以及光标是否闪烁。参数设定的情况如下：

位名	设置	
D	0=显示功能关	1=显示功能开
C	0=无光标	1=有光标
B	0=光标闪烁	1=光标不闪烁

设定显示屏或光标移动方向指令。使光标移位或使整个显示屏幕移位。参数设定的情况如下：

S/C	R/L	设定情况
0	0	光标左移 1 格，且 AC 值减 1
0	1	光标右移 1 格，且 AC 值加 1
1	0	显示器上字符全部左移一格，但光标不动
1	1	显示器上字符全部右移一格，但光标不动

功能设定指令。设定数据总线位数、显示的行数及字型。参数设定的情况如下：

位名	设置
DL	0=数据总线为 4 位
	1=数据总线为 8 位
N	0=显示 1 行
	1=显示 2 行
F	0=5×7 点阵/每字符
	1=5×10 点阵/每字符

下面给出常用的命令应用的一些例子。

功能设置命令：实现显示模式设置，如 38H(设置输出位数 DL=1 表示 8 位。行数

N=1 表示 2 行)。字体 F=1 表示是 5×7 点阵。

显示开关及光标设置命令：如 0FH 表示 LCD 显示开，且有光标且闪烁(D=C=B=1)。再如 0CH 表示 LCD 显示开且无光标，光标不闪(D=1、C=B=0)。

清屏命令：如 01H 表示清除当前屏幕显示内容。

输入模式设置命令：如 06H 表示光标右移，字符不移(设置字符进入模式 I/D=1、S=0)。

3) 显示位置的设置

LCD1602 液晶模块内部的字符发生存储器(CGROM)已经存储了 160 个不同的点阵字符图形(无汉字)，如表 7-2 所示，这些字符包括：阿拉伯数字、英文字母的大小写、常用的符号和日文假名等，每一个字符都有一个固定的代码，比如大写的英文字母 A 的代码是 01000001B(41H)，显示时模块把地址 41H 中的点阵字符图形显示出来，就能看到字母 A。

0x00～0x0F 区间为用户自定义的字符图形 RAM(对于 5×8 点阵的字符，可以存放 8 组；对于 5×10 点阵的字符，存放 4 组)，即 CGRAM。0x20～0x7F 为标准的 ASCII 码，0xA0～0xFF 为日文字符和希腊文字符，其余字符码(0x10～0x1F 及 0x80～0x9F)没有定义。HD44780 液晶芯片自带了 CGRAM、CGROM 和 DDRAM。

(1) DDRAM：是显示数据 RAM，用来寄存待显示的字符代码，共 80 字节。DDRAM 是对应屏幕位置的存储器，设定了该地址，就确定了从屏幕什么位置开始显示字符。

(2) CGROM：在 LCD 模块固化了字模存储器，即 CGROM 和 CGRAM。HD44780 内置了 192 个常用字符的字模，存于字符产生器 CGROM。

(3) CGRAM：CGRAM 是用户自定义字符存放存储器，可以自己在指定地址定义字符。共 8 个自定义的字符空间，共 64B。

表 7-2　CGROM 字模地址与字模关系表

字模地址		前 4 位															
		0000	0001	0010	0011	0100	0101	0110	0111	1000	1001	1010	1011	1100	1101	1110	1111
后4位	0000	CGRAM(1)			0	@	P	\	p				—	タ	ミ	α	p
	0001	(2)		!	1	A	Q	a	q			ロ	ア	チ	ム	ä	q
	0010	(3)		“	2	B	R	b	r			┌	イ	ツ	メ	g	θ
	0011	(4)		#	3	C	S	c	s			┘	ゥ	テ	モ	ε	∞
	0100	(5)		$	4	D	T	d	t	-		\	エ	ト	ヤ	μ	Ω
	0101	(6)		%	5	E	U	e	u			■	オ	ナ	ユ	δ	ü
	0110	(7)		&	6	F	V	f	v			ヲ	カ	ニ	ヨ	ρ	Σ
	0111	(8)		‘	7	G	W	g	w	■		ァ	キ	ヌ	ラ	g	π
	1000	(1)		(	8	H	X	h	x			ィ	ヮ	ネ	リ	ㄟ	$\overline{\times}$
	1001	(2)		)	9	I	Y	i	y			ゥ	ケ	ノ	ル	⁻¹	ч
	1010	(3)		*	:	J	Z	j	z			ェ	コ	ハ	レ	j	千
	1011	(4)		+	;	K	[	k	{			ォ	サ	ヒ	ロ	×	万
	1100	(5)		,	<	L		l	|			ャ	シ	フ	ワ	Φ	円
	1101	(6)		-	=	M	]	m	}			ュ	ス	ヘ	ン	モ	÷
	1110	(7)		.	>	N	^	n	→			ョ	セ	ホ	゛	ñ	
	1111	(8)		/	?	O	-	o	←			ッ	ソ	マ	ロ	Ö	█

DDRAM 中 80 字节的地址和屏幕的对应关系如表 7-3 所示。

表 7-3　DDRAM 中地址与屏幕的关系

显示位置编号		1	2	3	4	5	6	7	…	40
DDRAM 的地址	第一行	00H	01H	02H	03H	04H	05H	06H	…	27H
	第二行	40H	41H	42H	43H	44H	45H	46H	…	67H

为了更好地理解，可以用一个实例来解释一下。如果想在 LCD1602 液晶显示屏的第一行第一列的位置，显示一个字母 A，就可以将字母 A 的代码写入 DDRAM 的 00H 地址处。可以看出，一行有 40 个位置，但是要注意，在 LCD1602 中，只需要使用前 16 个。第二行同理。具体的对应关系如表 7-4 所示。

表 7-4　DDRAM 的显示位置和地址的对应关系

第一行	00H	01H	02H	03H	04H	05H	06H	07H	08H	09H	0AH	0BH	0CH	0DH	0EH	0FH
第二行	40H	41H	42H	43H	44H	45H	46H	47H	48H	49H	4AH	4BH	4CH	4DH	4EH	4FH

4）字符显示方法

要在 LCD1602 液晶显示屏幕上的第一行第一列上显示字母 A，就要进行显示位置的设置，即将字母 A 的 ASCII 码 41H 写入 DDRAM 的 00H 地址处。

设置字符在 LCD1602 上的显示位置，即待显示字符的地址。当编程向 DDRAM 的 00H 地址处送 0x41（字符 A 的代码）后并不能显示 A，原因是如果要想在 DDRAM 的 00H 地址处显示数据，则必须将 00H 加上 80H，即 80H，若要在 DDRAM 的 01H 处显示数据，则必须将 01H 加上 80H 即 81H。以此类推。这是控制指令中的设置数据存储器的地址指令格式决定的，即地址最高位固定为 1。

设置显示地址之后，就可以将 A 的代码在 1602 的液晶屏上显示出来。实际上，1602 的液晶屏和 PC 的显示屏一样，也是利用屏幕上的点阵中对应的点来显示各个字符。字模表中 A 对应的高位代码是 0100，左边的低位代码是 0001，两者结合起来就是 01000001，即 41H，当用 C51 语言编程向 DDRAM 写入代码时，可以直接使用赋值语句，即“P0='A'”。LCD1602 显示驱动程序流程图如图 7-8 所示。

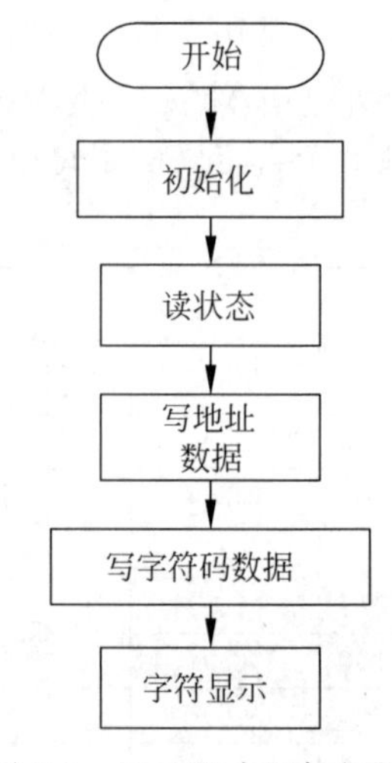

图 7-8　显示驱动程序流程图

3. 复位/初始化 LCD

LCD1602 常用的显示初始化控制命令如下：

（1）功能设置命令 38H。设置输出位数 DL=1 表示 8 位，行数 N=1 表示 2 行，字体 F=1 表示是 5×7 点阵。

（2）命令 01H。清除当前屏幕显示内容。

（3）命令 06H。设置光标右移，字符不移（设置字符进入模式 I/D=1，s=0）。

（4）命令 0CH。设置显示开，无光标，光标不闪，D=1，C=B=0。

(5) 命令 0FH。设置显示开，有光标，光标闪,D=C=B=1。

4. 电路原理图

微控制器与 LCD1602 连接的电路原理图如图 7-9 所示。

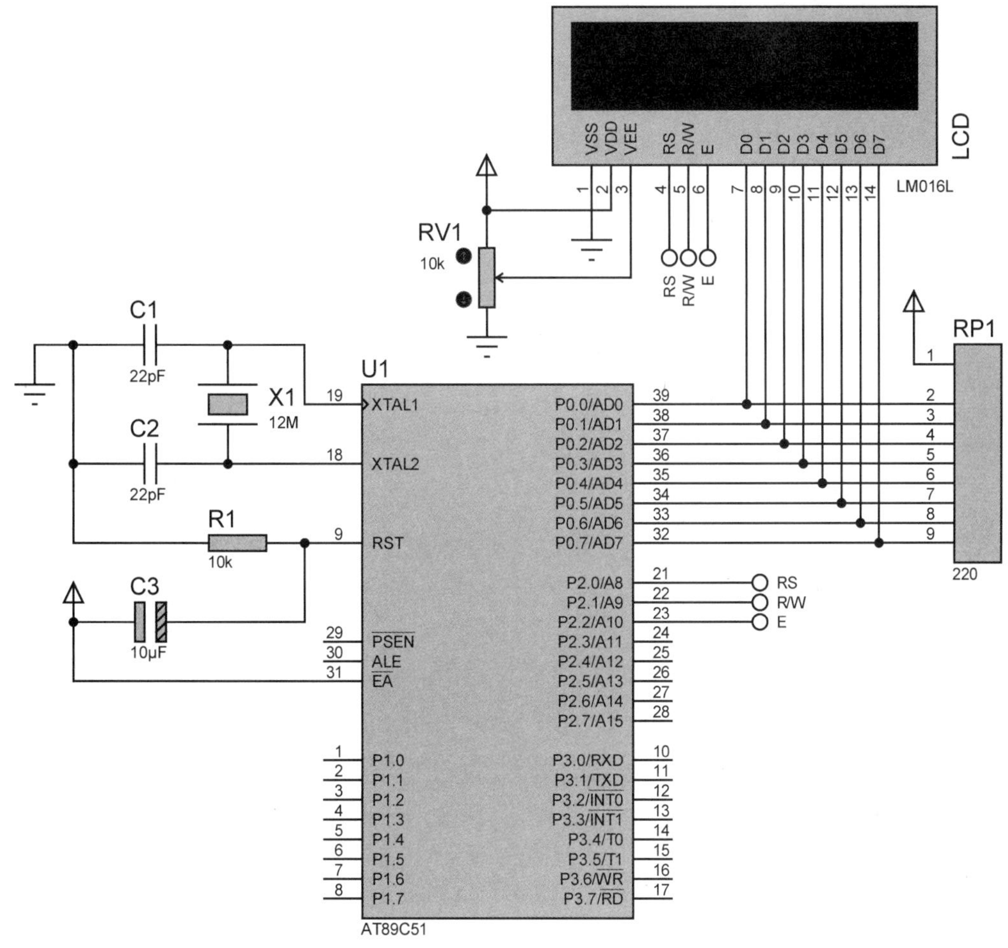

图 7-9 LCD1602 应用电路图

案例控制电路如图 7-9 所示。原理图中 P2.0、P2.1、P2.2 3 个引脚分别连接 LCD1602 的控制信号 RS、R/W、E 引脚,微控制器 P0 口连接 LCD1602 的数据线 D0～D7。3 个控制信号 RS、R/W、E 引脚的功能如下所述:

RS 是寄存器选择引脚,RS=1 时选择数据寄存器,RS=0 时选择指令寄存器。R/W 是读写控制,R/W=1 表示读信号有效,R/W=0 表示写信号有效。引脚 E 是 LCD 的启用引脚,E=1 表示启用。当 RS=0 且 R/W=0 时,微控制器向 LCD1602 写命令字,当 RS=1 且 R/W=1 时,微控制器向 LCD1602 写数据。

7.6.5 案例应用程序

在字符型 LCD1602 的第 1 行第 8 列显示字符串"hello"。显示模式设置为:16 字符×2 行显示、5×7 点阵、8 位数据接口。显示开、有光标且光标闪烁。光标右移,字符不移。显示驱动程序步骤如下：

(1) 复位/初始化 LCD；

(2) 忙状态检测；

(3) 写地址(显示位置)；

(4) 写数据(准备显示)；

(5) 自动显示数据：字符或字符串。

案例应用程序如下所示：

```
#include <reg51.h>
#include <intrins.h>
#include <string.h>
#define uchar unsigned char
#define uint unsigned int
uchar code  ccc[] = "hello";                          //显示的数组内容
void Init_LCD();
void ShowString(uchar,uchar,uchar *);
sbit RS = P2^0;
sbit RW = P2^1;
sbit EN = P2^2;

void delayms(uint ms)
{
    uchar i;
    while(ms--)
    {
        for(i = 0;i < 120;i++);
    }
}

uchar Busy_Check()
{
    uchar LCD_Status;
    RS = 0;
    RW = 1;
    EN = 1;
    delayms(1);
    LCD_Status = P0;
    EN = 0;
    return LCD_Status;
}

void Write_Command(uchar cmd)                         //写命令
{
    while((Busy_Check()&0x80) == 0x80);
    RS = 0;
    RW = 0;
    EN = 0;
    P0 = cmd;
    EN = 1;
```

```
    delayms(1);
    EN = 0;
}

void Write_Data(uchar dat)                    //写数据
{
    while((Busy_Check()&0x80) == 0x80);
    RS = 1;
    RW = 0;
    EN = 0;
    P0 = dat;
    EN = 1;
    delayms(1);
    EN = 0;
}

void Init_LCD()                               //初始化
{
    delayms(1);
    Write_Command(0x38);
    delayms(1);
    Write_Command(0x06);
    delayms(1);
    Write_Command(0x0c);
    delayms(1);
    Write_Command(0x01);
    delayms(1);
}

void ShowString(uchar x,uchar y,uchar * str)  //在指定位置显示字符串,x为列值(0～15),
                                              //y为行值(0或1)
{
    uchar i = 0;
    if(y == 0)
        Write_Command(0x80|x);                //写地址命令
    if(y == 1)
        Write_Command(0xc0|x);

    for(i = 0;i < strlen(str);i++)
   {
        Write_Data(str[i]);
   }
}

void main()
{
Init_LCD();
ShowString(3,1,ccc);                          //显示一个字符串,从第1行第3列开始
//字符串名字ccc就是地址,如果是字符变量k,此处写&k,取变量的地址
while(1){ }
}
```

7.6.6 显示一个自定义字符的原理

LCD1602 液晶模块内部的字符发生存储器(CGROM)已经存储了 160 个不同的点阵字符图形(无汉字),如表 7-2 所示,表中描述了 CGROM 字模地址与字模的关系。CGROM 表的最左边一列是供用户自定义字符的 CGRAM,如表 7-5 所示。0x00～0x0F 区间为用户自定义的字符图形 RAM(可以存放 8 组 5×8 点阵的字符,或存放 4 组 5×10 点阵的字符)。CGRAM 一共 16 字节,实际只有 8 字节可用。它的字模地址是 00000000～00000111 这 8 个地址,表的下面还有 8 字节,但因为 CGRAM 的字符码规定 0～2 位为地址,3 位无效,4～7 位全为零。因此 CGRAM 的字符码只有最后 3 位能用,等效为 0000x111,x 为无效位,最后 3 位为 000～111 共 8 个。

如果要想显示这 8 个用户自定义的字符,操作方法和显示 CGROM 的一样,先设置 DDRAM 位置,再向 DDRAM 写入字符地址码,例如,A 就是 41H。现在要显示 CGRAM 的第一个自定义字符,就向 DDRAM 写入 00000000B(00H),如果要显示第 8 个就写入 00000111(08H)。

表 7-5 CGROM 自定义部分

CGRAM 字符码		前 4 位				
		0000	0001	0010	0011	0100
后4位	0000	CGRAM(1)			0	@
	0001	(2)		!	1	A
	0010	(3)		“	2	B
	0011	(4)		#	3	C
	0100	(5)		$	4	D
	0101	(6)		%	5	E
	0110	(7)		&	6	F
	0111	(8)		‘	7	G

向 LCD1602 中 8 个自定义字符写入字模的方法是使用设置 CGRAM 地址指令,如表 7-6 所示。

表 7-6 设置 CGRAM 地址指令格式

指令	RS	RW	D7	D6	D5	D4	D3	D2	D1	D0
设定 CGRAM 地址	0	0	0	1	CGRAM 地址(6 位)					

可以看出,指令数据的高 2 位已固定为 01,只有后面的 6 位是地址数据,而这 6 位中的高 3 位就表示这 8 个自定义字符,最后 3 位就是字模数据的 8 个地址。

CGRAM 起始地址为 0x40,第一个字符的 CGRAM 地址为 0x40～0x47(一个字节占用一个地址,一个自定义字符为 8 字节),第二个字符地址为 0x48～0x4F,第三个为 0x50～0x57,其他字符以此类推。地址如下所示:

第一个字符地址为 0x40～0x47,即 01000000～01000111

第二个字符地址为 0x48～0x4F,即 01001000～01001111

第三个字符地址为 0x50～0x57,即 01010000～01010111

……

假设要在 LCD1602 显示屏显示自定义的温度单位符号"℃",将其定义为第一个自定义字符,它的字模 CGRAM 地址为 01000000～01000111 8 个地址,如图 7-10 所示。向这 8 字节写入字模数据,就可以在 LCD1602 显示出"℃"。

地址	数据	图示
01000000	00010000	○○○■○○○○
01000001	00000110	○○○○○■■○
01000010	00001001	○○○○■○○■
01000011	00001000	○○○○■○○○
01000100	00001000	○○○○■○○○
01000101	00001001	○○○○■○○■
01000110	00000110	○○○○○■■○
01000111	00000000	○○○○○○○○

图 7-10　自定义字符的字模数据

7.6.7　显示一个自定义字符的程序

参考程序如下所示:

```
#include<reg51.h>
#define uint unsigned int
#define uchar unsigned char
sbit rs = P3^5;
sbit rw = P3^6;
sbit en = P3^7;
uchar  code t1[] = {0x10,0x06,0x09,0x08,0x08,0x09,0x06,0x00};      //字符℃的字模数据

void delay(uint n)
{
    uint x,y;
    for(x = n;x>0;x--)
        for(y = 110;y>0;y--);
}

void lcd_wcom(uchar com)
{
    rs = 0;
    rw = 0;
    P2 = com;
    delay(5);
    en = 1;
    en = 0;
}

void lcd_wdat(uchar dat)
{
    rs = 1;
    rw = 0;
    P2 = dat;
    delay(5);
```

```
    en = 1;
    en = 0;
}

void lcd_init()
{
    lcd_wcom(0x38);
    lcd_wcom(0x0c);
    lcd_wcom(0x06);
    lcd_wcom(0x01);
}

void main()
{
    char m = 0;
    lcd_init();
    lcd_wcom(0x40);
//设定 CGRAM 地址,由设置指令控制字确定
//对 CGRAM 第一个自定义字符操作,若是第二个则为 0x48,以此类推
    for(m = 0;m < 8;m++)      //将自定义字符的 8 个字模数据写入 CGRAM 中
    {
        lcd_wdat(t1[m]);
    }
  lcd_wcom(0x80);           //设定显示起始位置,第 0 行第 1 列
  lcd_wdat(m);
//m 是第一个字符的字符码 0x00,只写一句即可
//显示第一个自定义字符(地址 0x40 对应表 7-5 中第一个字符的字符码: 0x00)
  while(1);
}
```

第8章 外部功能硬件案例

基于 Proteus 硬件仿真工具和 Keil 程序设计软件，本章设计了外部功能硬件相关的应用案例，包括 DS18B20 温度传感器、DS18B20 多点温度采集、SHT11 温湿度传感器、步进电机控制、DS1302 时钟、电梯仿真控制系统。书中提供了详尽的实验软硬件分析设计，包括完整的参考程序和仿真电路。

8.1 温度传感器

8.1.1 案例概述

以微控制器为核心元件，组成一个数字温度计，采用数字温度传感器 DS18B20 为检测元件，进行单点温度检测，检测精度为 ±0.0625℃。温度显示采用虚拟终端显示(两位整数、一位小数)。

8.1.2 要求

(1) 熟悉温度传感器 DS18B20 的内部结构、工作原理、性能和指标；

(2) 学习 DS18B20 的应用驱动编程方法；

(3) 使用微控制器的 I/O 引脚模拟 DS18B20 的单总线接口协议，实现温度信息的采集。

8.1.3 知识点

(1) DS18B20 内部结构、工作原理、温度数据转换方法和温度传感器驱动程序设计方法；

(2) 单总线通信技术原理、驱动程序开发方法。

8.1.4 原理

1. 应用背景概述

测量温度的关键是温度传感器。随着技术的飞速发展，传感器已进入第三代数字传感器。本测温系统采用的 DS18B20 就是属于这种传感器。DS18B20 是美国 DALLAS 半导体公司生产的单总线数字温度传感器，它可以实现数字化输出和测试，并且具有控制功能强、传输距离远、抗干扰能力强、接口方便、微功耗等优点，因而被广泛应用在工业、农业、军事等领域的控制仪器、测控系统中。

2. DS18B20 的特点

DS18B20 是用美国 DALLAS 公司生产的单总线型数字温度传感器，其具有以下特点：

(1) 适应电压范围更宽，电压范围 3～5.5V，在寄生电源方式下可由数据线供电。

(2) 独特的单线接口方式，DS18B20 在与微控制器仅需要一条口线即可实现微处理器与 DS18B20 的双向通信。

(3) DS18B20 支持多点组网功能，多个 DS18B20 可以并联在唯一的三线上，实现组网多点测温。

(4) DS18B20 在使用中不需要任何外围元件，全部传感元件及转换电路集成在形如一只三极管的集成电路内。

(5) 测温范围－55℃～＋125℃，在－10℃～＋85℃时精度为±0.5℃。

(6) 分辨率为 9～12 位，对应的可分辨温度分别为 0.5℃、0.25℃、0.125℃和 0.0625℃，可实现高精度测温。

(7) 在 9 位分辨率时最多在 93.75ms 内把温度转换为数字，12 位分辨率时最多在 750ms 时间内把温度值转换为数字，速度更快。

(8) 测量结果直接输出数字温度信号，以 1-Wire 串行传送给 CPU，同时可传送 CRC 校验码，具有极强的抗干扰纠错能力。

(9) 负压特性。电源极性接反时，芯片不会因发热而烧毁，但不能正常工作。

3. DS18B20 引脚定义

(1) DQ 为数字信号输入/输出端。

(2) GND 为电源地。

(3) VDD 为外接供电电源输入端(在寄生电源接线方式时接地)。

4. DS18B20 内部构成

DS18B20 传感器主要由 4 部分组成：64 位光刻 ROM、温度灵敏元件(温度传感器)、非易失性温度报警触发器(高温触发器 TH 和低温触发器 TL)、配置寄存器，如图 8-1 所示。

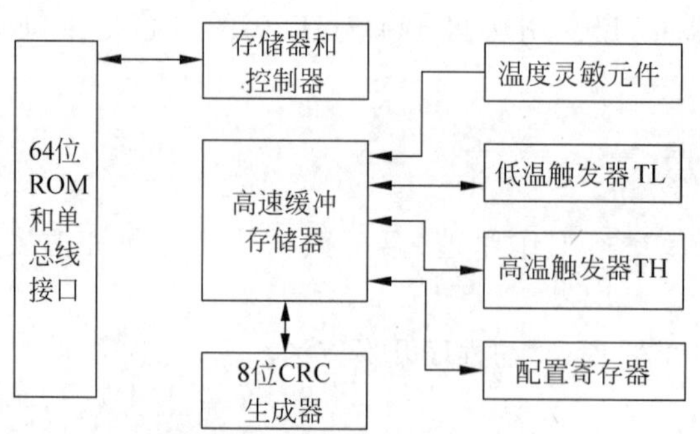

图 8-1　DS18B20 内部结构

DS18B20 的 4 个主要数据部件：

1) 光刻 ROM 中的 64 位序列号

序列号是出厂前被光刻好的，它是一个 DS18B20 的地址序列码如图 8-2 所示。64 位光刻 ROM 的排列是：开始的 8 位(地址：28H)是产品类型标号，接着的 48 位是该 DS18B20

自身的序列号，并且每个 DS18B20 的序列号都不相同，因此它可被看作是该 DS18B20 的地址序列码；最后 8 位则是前面 56 位的循环冗余校验码 CRC(CRC=X8+X5+X4+1)。由于每一个 DS18B20 的 ROM 数据都各不相同，因此微控制器可以通过单总线对多个 DS18B20 进行寻址，从而实现一根总线上挂接多个 DS18B20 进行多点温度数据采集。

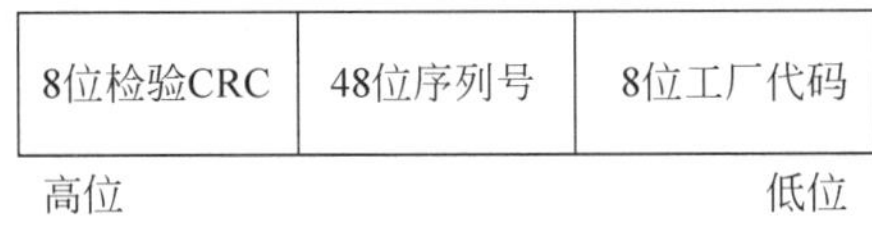

图 8-2　64 位地址序列号

2) DS18B20 中的温度传感器

传感器可完成对温度的测量，以 12 位转化为例：用 16 位符号扩展的二进制补码读数形式提供，以 0.0625℃/LSB 形式表达，其中 S 为符号位。

3) DS18B20 温度传感器的存储器

DS18B20 温度传感器的内部存储器包括一个高速暂存存储器 RAM(9 字节)和一个非易失性的可电擦除的 E^2PROM，后者存放高温度和低温度触发器 TH、TL 和结构寄存器。高速暂存存储器 RAM 由 9 字节组成，其分配如表 8-1 所示。

表 8-1　高速暂存存储器 RAM 结构

高速暂存存储器	字节
温度低字节 LB	0
温度高字节 HB	1
温度触发高字节 TH	2
温度触发低字节 TL	3
配置寄存器	4
保留	5
保留	6
保留	7
循环冗余校验码(CRC)	8

当温度转换命令发布后，经转换所得的温度值以二字节补码形式存放在高速暂存存储器的第 0 和第 1 个字节。第 9 个字节是冗余检验字节。微控制器可通过单线接口读到该数据，读取时低位在前，高位在后。对应的温度计算方法：

(1) 当符号位 S=0 时，直接将二进制位转换为十进制；

(2) 当 S=1 时，先将补码变为原码，再将数据部分转换为十进制。

4) 配置寄存器

配置寄存器的格式如表 8-2 所示。

表 8-2　配置寄存器

TM	R1	R0	1	1	1	1	1

其中，TM 是测试模式位，用于设置 DS18B20 在工作模式还是在测试模式。在 DS18B20 出厂时该位被设置为 0，用户不必改动。R1 和 R0 两位用来设置分辨率，DS18B20

出厂时被设置为 12 位。例如，配置寄存器的值为 0x7f=01111111B，即是设置分辨率为 12 位，对应的精度是 0.0625℃，如表 8-3 所示。应用编程中是通过用写命令字 OneWireWByte(0x7f)；实现精度设置，见后文所述。

表 8-3　分辨率设置

R1	R0	分辨率	温度最大转换时间/ms
0	0	9 位	93.75
0	1	10 位	187.5
1	0	11 位	375
1	1	12 位	750

微控制器可通过单线接口读取温度数据，当传感器收到温度转换命令后，DS18B20 的内部数字化温度转换器将温度数据以二进制补码形式存储到 16 位高速暂存器中，读取时低位在前，高位在后。有效数据位根据配置寄存器中的 R0 和 R1 两位编程设定为 9 位、10 位、11 位或 12 位，同时分别对应 4 种分辨率：0.5℃、0.25℃、0.125℃、0.0625℃。

DS18B20 中的温度传感器两个字节的原始测量数据如表 8-4 所示，其中 S 为符号位。

表 8-4　原始测量温度值

低字节	2^3	2^2	2^1	2^0	2^{-1}	2^{-2}	2^{-3}	2^{-4}
高字节	S	S	S	S	S	2^6	2^5	2^4

由于原始的温度数据不能够直接被用户使用或直观显示，所以需要进行数据处理。温度数据处理公式为：温度=转化结果×精度值。例如，以 12 位转化为例：DS18B20 中的温度传感器温度测量原始值用 16 位符号扩展的二进制补码形式保存，精度是 0.0625℃。转化为实际温度的方法：先判断高字节的 D7、D6、D5、D4、D3 5 个二进制位的值，如果为 11111，则表示温度为负。如果为 00000，则表示温度为正。正温度=采集数据×0.0625，得到实际的摄氏温度，负温度=采集数据取反加 1×0.0625，得到实际的摄氏温度。

5. 温度传感器操作过程

根据 DS18B20 的协议规定，微控制器控制 DS18B20 完成温度的转换必须经过以下 4 个步骤：

(1) 每次读写前对 DS18B20 进行复位初始化。

复位要求微控制器将数据线下拉 500μs，然后释放，DS18B20 收到信号后等待 16～60μs，然后发出 60～240μs 的低脉冲，微控制器收到此信号后表示复位成功。

(2) 发送一条 ROM 指令。

DS18B20 的 ROM 指令集如表 8-5 所示。

表 8-5　DS18B20 的 ROM 指令集

指　　令	说　　明
读 ROM(33H)	读 DS1820 温度传感器 ROM 中的编码(即 64 位地址)
匹配 ROM(55H)	继续读完 64 位序列号的命令，用于多个 DS18B20 时定位
跳过 ROM(CCH)	忽略 64 位 ROM 地址，直接向 DS18B20 发温度变换命令，适用于单片工作

续表

指　　令	说　　明
搜 ROM(F0H)	识别总线上各元件的编码，为操作各元件做准备
报警搜索(ECH)	执行后只有温度超过设定值上限或下限的芯片才作出响应

(3) 发送存储器指令。

DS18B20 的存储器指令集如表 8-6 所示。

表 8-6　DS18B20 的存储器指令

指令	约定代码	功　　能
温度变换	44H	启动 DS18B20 进行温度转换，12 位转换时最长为 750ms(9 位为 93.75ms)。结果存入内部 9 字节 RAM 中
读暂存器	0BEH	读内部 RAM 中 9 字节的内容，从 DQ 输出到微控制器
写暂存器	4EH	发出向内部 RAM 的第 2、3、4 字节写上、下限温度数据和配置寄存器命令，紧跟该命令之后，是传送 3 字节的数据
复制暂存器	48H	将 RAM 中第 2、3 字节的内容复制到 E^2PROM 中
重调 E^2PROM	0B8H	将 E2PROM 中内容恢复到 RAM 中的第 2、3 字节
读供电方式	0B4H	读 DS18B20 的供电模式。寄生供电时 DS18B20 发送 0，外接电源供电时 DS18B20 发送 1

(4) 读取温度值。

注意实际操作要先启动转换一次，接着才读温度值，即前 3 条必须执行两次，但指令内容不一定相同。

6. 硬件设计

使用 DS18B20 进行单点温度采集电路原理图如图 8-3 所示。

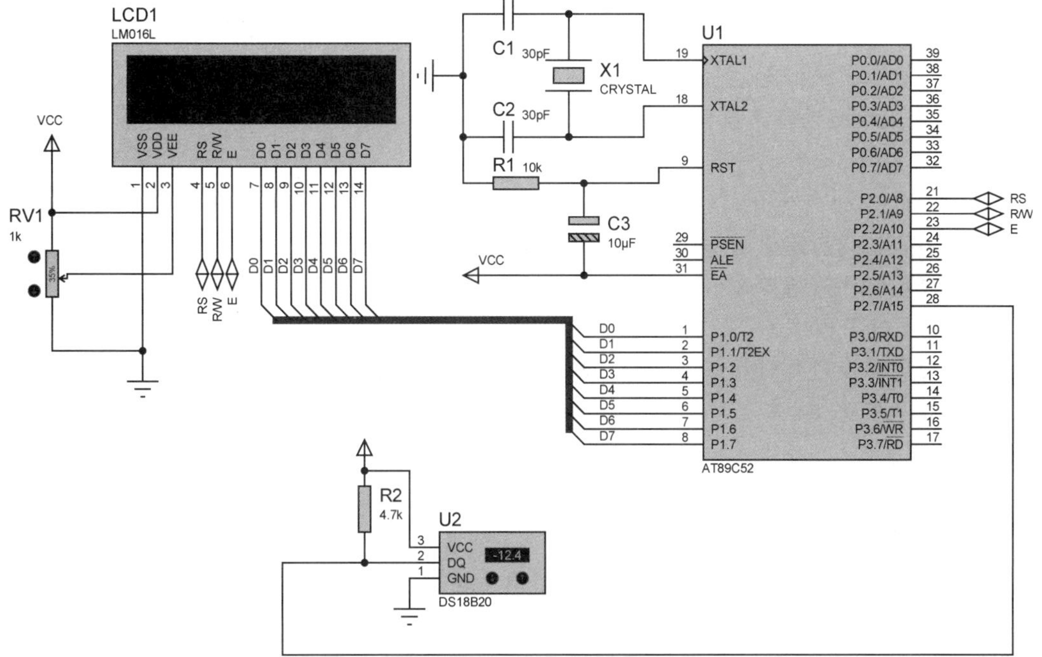

图 8-3　单点温度采集电路

在原理图中，P2.7 引脚连接到 DS18B20 温度传感器的数据口引脚 DQ。微控制器的 P1 口的 8 个引脚连接到 LCD1602 显示屏的数据线 D0～D7，P2 口的 P2.0、P2.1、P2.2 3 个引脚分别连接 LCD1602 的控制信号 RS、R/W、E 引脚。3 个控制信号 RS、R/W、E 引脚的功能为：RS 是寄存器选择引脚，RS 为 1 则选择数据寄存器，RS 为 0 则选择指令寄存器。R/W 是读写控制引脚，R/W 为 1 表示读信号有效，R/W 为 0 表示写信号有效。引脚 E 是 LCD 的启用引脚，当 E 为 1 时表示启用。

DS18B20 温度传感器可以通过属性设置传感器的一些参数，如序列号、步长等。可以设定温度调节的步长，例如，取温度变化的步长为 0.3℃，修改属性 Granularity 值为 0.3，调节步长为 0.3℃，设置如图 8-4 所示。

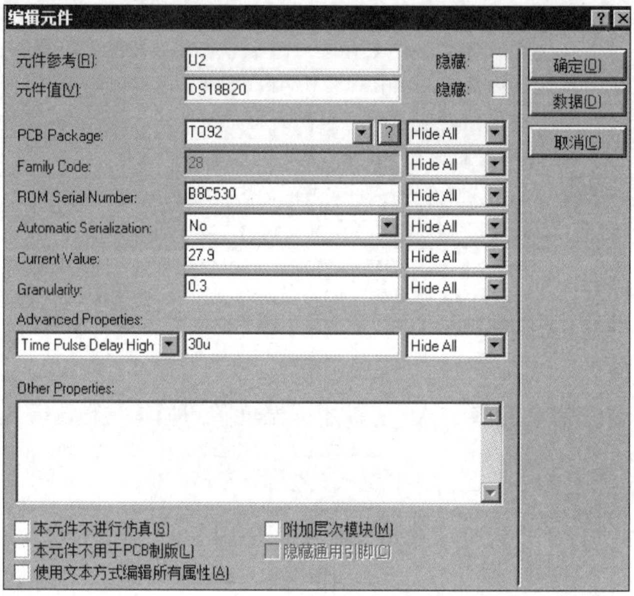

图 8-4　DS18B20 属性设置

7. 温度采集驱动程序流程

(1) 主程序。

包含 DS18B20 初始化、读温度、转换为实际温度、转换为十进制。

(2) DS18B20 初始化子程序。

按照复位时序进行操作。

(3) 读温度子程序。

启动温度转换过程(通过 0x44 命令控制)、读温度过程(通过 0xBE 命令控制)。启动温度转换的 3 个步骤如下：

第一步，复位 DS18B20。

第二步，发出 Skip ROM 命令(CCH 命令)。

第三步，发出 Convert T 命令(44H 命令)。

其中，Skip ROM 命令仅适用于总线上只有一个 DS18B20 时的情况。

读取温度的 4 个步骤如下：

第一步，复位 DS18B20。

第二步，发出 Skip ROM 命令(CCH 命令)。

第三步，发出 Read 命令(BEH 命令)。

第四步，读取 2 字节的温度。

(4) 转换为实际温度子程序。

将原始测量值的高 8 位、低 8 位二进制数据合并为 16 位数据。根据配置寄存器设置的精度，按照温度数据处理公式计算实际温度值。为了直观显示，将实际温度数据转换为十进制，并求出百、十、个位值，然后将实际温度值送虚拟终端输出显示。例如：

```
printf("Current temperature is %2.1f C.\n",temp*0.0625);
```

8.1.5　案例应用程序

```
#include <reg51.h>
#include <Intrins.h>
#include <stdio.h>                //使用 printf 函数
#include <string.h>               //调用字符串函数 strlen()等
#define uchar unsigned char
#define uint unsigned int
sbit DIO = P2^7;                  //DS18B20 的数据线端口
sbit RS = P2^0;                   //LCD1602 的控制线
sbit RW = P2^1;
sbit EN = P2^2;
uchar  Temp_Value[] = {0x00,0x00};  //保存 DS18B20 的温度结果,包含高 8 位和低 8 位两个字节
uchar code t1[8] = {0x0c,0x12,0x12,0x0c,0x00,0x00,0x00,0x00}; //自定义字符,即温度单位字符
                                                               //的字模数据
uchar code xiaoshu[] = {0,1,1,2,3,3,4,4,5,6,6,7,8,8,9,9};       //小数位对应的值
uchar CurrentT = 0;                                            //整数位部分
uchar Display_Digit[] = {0,0,0,0};    //保存待显示的温度数据位,包含百位、十位、个位和小数点
                                      //后一位
uchar  ng = 0;                          //符号 ng 初始值为正
void Initialize_LCD();                  // LCD1602 初始化
void ShowString(uchar,uchar,uchar *);   //声明 LCD1602 的显示函数

//1
void delay_5us(unsigned char y)           //延时时间为(2.17y+5)μs, DS18B20 使用的延时函数
{
    while(--y);
}

//2
void delay(unsigned int v)
//1ms,实际是 0.998ms,DS18B20 用的延时函数,晶体振动器频率为 11.0592MHz
{
    unsigned char i;
    while(v--)
    {
        for(i=0;i<111;i++);
```

```
        }
}

//3
void delay1ms()  //延时时间为(3j + 2)i = (3 × 33 + 2) × 10 = 1010(μs),约为 1ms
{
   unsigned char i,j;
      for(i = 0;i < 10;i++)
      for(j = 0;j < 33;j++)    ;
}

//4
void delayms44(unsigned char n)            //延时时间是若干毫秒
  {
    unsigned char i;
      for(i = 0;i < n;i++)
        delay1ms();
  }

// LCD1602 的驱动程序
uchar Busy_Check()                         //LCD1602 忙检测
{
    uchar LCD_Status;
    RS = 0;
    RW = 1;
    EN = 1;
    delayms44(1);
    LCD_Status = P1;
    EN = 0;
    return LCD_Status;
}

void Write_LCD_Command(uchar cmd)          //LCD1602 的写命令
{
    while((Busy_Check()&0x80) == 0x80);
    RS = 0;
    RW = 0;
    EN = 0;
    P1 = cmd;
    EN = 1;
    delayms44(1);
    EN = 0;
}

void Write_LCD_Data(uchar dat)             //LCD1602 的写数据函数
{
    while((Busy_Check()&0x80) == 0x80);
    RS = 1;
    RW = 0;
    EN = 0;
    P1 = dat;
```

```
    EN = 1;
    delayms44(1);
    EN = 0;
}

void Initialize_LCD()                    //LCD1602 的初始化函数
{
    delayms44(1);
    Write_LCD_Command(0x38);
    delayms44(1);
    Write_LCD_Command(0x38);
    delayms44(1);
    Write_LCD_Command(0x06);
    delayms44(1);
    Write_LCD_Command(0x0c);
    delayms44(1);
    Write_LCD_Command(0x01);
    delayms44(1);
}

//LCD1602 的显示字符串函数
void ShowString(uchar x,uchar y,uchar * str)   //指针作为参数
{
    uchar i = 0;
    if(y == 0)
        Write_LCD_Command(0x80|x);             //写地址命令,格式如 10** ****
    if(y == 1)
        Write_LCD_Command(0xc0|x);

        for(i = 0;i < strlen(str);i++)
        {
        Write_LCD_Data(str[i]);
        }
}

//DS18B20 的芯片初始化程序
unsigned char  readbyte (void) //温度传感器读一个字节(从单总线读一个字节,返回读到的内容)
{
    unsigned char i,j;
    j = 0;
    for(i = 0;i < 8;i++)
    {
        j = j >> 1;
        DIO = 0;                         //拉低总线
        _nop_();                         //延时时间要求大于 1μs,但又不能超过 15μs
        _nop_();
        DIO = 1;                         //释放总线
```

```
        _nop_();
        _nop_();
        if(DIO == 1)                    //如果是高电平
        {
            j| = 0x80;
        }
        delay_5us(30);                  //要求总时间在 60～120μs
        DIO = 1;                        //释放总线
        _nop_();                        //要求> 1μs
    }
    return j;
}

void writebyte (unsigned char x)  //温度传感器写一个字节(向 1-Wire 总线写一个字节,x 是要写
                                  //的字节)
{
    unsigned char i;
    for(i = 0;i < 8;i++)
    {
        DIO = 0;                        //拉低总线
        _nop_();                        //延时时间要求大于 1μs,但又不能超过 15μs
        _nop_();
        if(0x01&x)
        {
          DIO = 1;                      //如果最低位是 1,则将总线拉高
        }
        delay_5us(30);                  //延时 60～120μs
        DIO = 1;                        //释放总线
        _nop_();                        //要求大于 1μs
        x = x >> 1;                     //移位操作,准备好发送下一位数据
    }
}

void DS18b20_int(void)  //DS18B20 温度传感器芯片的初始化,每次上电就设置 DS18B20 的参数
{
    DIO = 0;
    delay_5us(255);                     //要求 480～960μs
    DIO = 1;                            //释放总线
    delay_5us(30);                      //要求 60～120μs
    if(DIO == 0)
    {
        delay_5us(200);                 //要求释放总线后 480μs 内结束复位
        DIO = 1;                        //释放总线
        writebyte(0xcc);                //发送 Skip ROM 命令
        writebyte(0x4e);                //发送写暂存 RAM 命令
        writebyte(0x00);                //温度报警上限设为 0
        writebyte(0x00);                //温度报警下限设为 0
```

```
        writebyte(0x7f);                //将 DS18B20 设为 12 位,则精度是 0.0625℃
        DIO = 0;
        delay_5us(255);                 //要求 480～960μs
        DIO = 1;                        //释放总线
        delay_5us(240);                 //要求释放总线后 480μs 内结束复位
        DIO = 1;                        //释放总线
    }
}


unsigned int DS18b20_readTemp(void)     //读取 1 个 DS18B20 传感器的温度值
{
    unsigned int temp;
    DIO = 0;
    delay_5us(255);                     //要求 480～960μs
    DIO = 1;                            //释放总线
    delay_5us(30);                      //要求 60～120μs
    if(DIO == 0)
    {
        delay_5us(200);                 //要求释放总线后 480μs 内结束复位
        DIO = 1;                        //释放总线
        writebyte(0xcc);                //发送 Skip ROM 命令
        writebyte(0x44);                //发送温度转换命令
        DIO = 1;                        //释放总线
          delay(1000);                  //1000ms
        DIO = 0;
        delay_5us(255);                 //要求 480～960μs
        DIO = 1;                        //释放总线
        delay_5us(30);                  //要求 60～120μs
        if(DIO == 0)
        {
            delay_5us(200);             //要求释放总线后 480μs 内结束复位
            DIO = 1;                    //释放总线
            writebyte(0xcc);            //发送 Skip ROM 命令
            writebyte(0xbe);            //发送读暂存 RAM 命令
            Temp_Value[0] = readbyte(); //读温度低字节
            Temp_Value[1] = readbyte(); //读温度高字节
            temp = 256 * Temp_Value[1] + Temp_Value[0];  //合并为 16 位的温度
            DIO = 0;
            delay_5us(255);             //要求 480～960μs
            DIO = 1;                    //释放总线
            delay_5us(240);             //要求释放总线后 480μs 内结束复位
            DIO = 1;                    //释放总线
        }
    }
    return temp;
}
```

```
//5
void DelayMS(unsigned int ms)
{
    unsigned char i;
    while(ms--)
    {
        for(i=0;i<120;i++);
    }
}

//DS18B20 的温度数据处理及在 LCD1602 上的显示(整数、小数、符号)
void deal_Temperature()
{
   ng = 0; //符号 ng
   if((Temp_Value[1]&0xf8) == 0xf8)     //高字节高 5 位是符号值,如果为 11111,则表示是负数
    {
        Temp_Value[1] = ~Temp_Value[1];    //16 位全取反,再加 1
        Temp_Value[0] = ~Temp_Value[0] + 1;
        if(Temp_Value[0] == 0x00)        //有进位
        Temp_Value[1]++;
        ng = 1;                          //负数
    }

    //查表得到小数部分对应的值,值是十进制的
    Display_Digit[0] = xiaoshu[Temp_Value[0]&0x0f] + 0x30;  //转换为 ASCII 码

    //计算温度整数位(7 位二进制值)
    CurrentT = ((Temp_Value[0]&0xf0)>>4)|((Temp_Value[1]&0x07)<<4);

    //整数部分处理,得到百位、十位和个位的值
    Display_Digit[3] = CurrentT/100 + 0x30;     //百位数据转换为 ASCII 码
    Display_Digit[2] = CurrentT % 100/10 + 0x30;//十位数据转换为 ASCII 码
    Display_Digit[1] = CurrentT % 10 + 0x30;    //个位数据转换为 ASCII 码


    //在 LCD1602 上显示
    if(ng == 1)
    {
    ShowString(0,1, "-");                        //显示负号
    }
    else
    ShowString(0,1, " ");                        //显示空格,不然上次的负号会一直显示
    if(Display_Digit[3] == 0x30)ShowString(2,1,'');    //百位为 0 即 0x30,显示百位为空格
    else ShowString(1,1, &Display_Digit[3]);          //显示百位
    if(Display_Digit[2] == 0x30 && Display_Digit[3] == 0x30)ShowString(3,1, '');
                                                       //个位为 0 ,即 0x30 显示十位为空格
```

```
        else ShowString(2,1, &Display_Digit[2]);        //显示十位
        ShowString(3,1, &Display_Digit[1]);             //显示个位
        ShowString(4,1, ".");                           //显示小数点
        ShowString(5,1, &Display_Digit[0]);             //显示小数点后 1 位数据
        ShowString(7,1,"              ");               //位置 7 开始显示空白
        //显示温度单位字符℃
        Write_LCD_Command(0x40);                        //设定 CGRAM 地址第一个字符起始地址 40H
        for(m = 0;m < 8;m++)                            //写符号℃的字模数据
        {
         Write_LCD_Data(t1[m]);     //将温度单位符号℃的字模数据(8 字节)依次写入 CGRAM 中
        }
        Write_LCD_Command(0xC6);                        //设定下排的显示位置: 第 1 行第 6 列
        Write_LCD_Data(m);    // m 是第一个字符的字符码 0x00,只写一句就行
        //显示第一个自定义字符(地址 0x40 对应表中第一个字符的字符码 0x00)
}

int main(void)
{
        int temp;
        Initialize_LCD();
        ShowString(0,0,"Temperature");
        DS18b20_int();
        while (1)
        {
          DS18b20_readTemp();
          temp = DS18b20_readTemp();
          deal_Temperature();                           //循环读取温度并显示
          DelayMS(100);
        }
}
```

8.2 DS18B20 多点温度采集

8.2.1 案例概述

通过 8051 系列微控制器的一个 I/O 接口引脚连接 4 个 DS18B20 的温度传感器，通过单总线协议时序分别进行温度数据采集。另外，微控制器控制 P1 口连接的 LCD1602 分别轮流显示 4 个传感器的实时温度值。

8.2.2 要求

(1) 巩固温度传感器 DS18B20 的原理，如内部结构、工作原理、性能和指标；

(2) 学习使用多个 DS18B20 温度实现多点温度采集驱动程序的编写方法；

(3) 巩固使用微控制器的 I/O 引脚模拟 DS18B20 的单总线接口协议，实现温度信息的采集。

8.2.3 知识点

温度传感器 DS18B20 硬件结构、工作原理、驱动程序开发和多点温度采集方法。

8.2.4 原理

多点温度采集系统的硬件模块如图 8-5 所示，包括 8051 系列微控制器、LCD1602 液晶显示模块和 4 个温度传感器模块。微控制器使用 P1 口控制 LCD 液晶显示器的数据显示，微控制器使用 P2.6 引脚连接 4 个温度传感器，通过软件方法模拟单总线时序，分别读取 4 个温度传感器提供的温度数据。

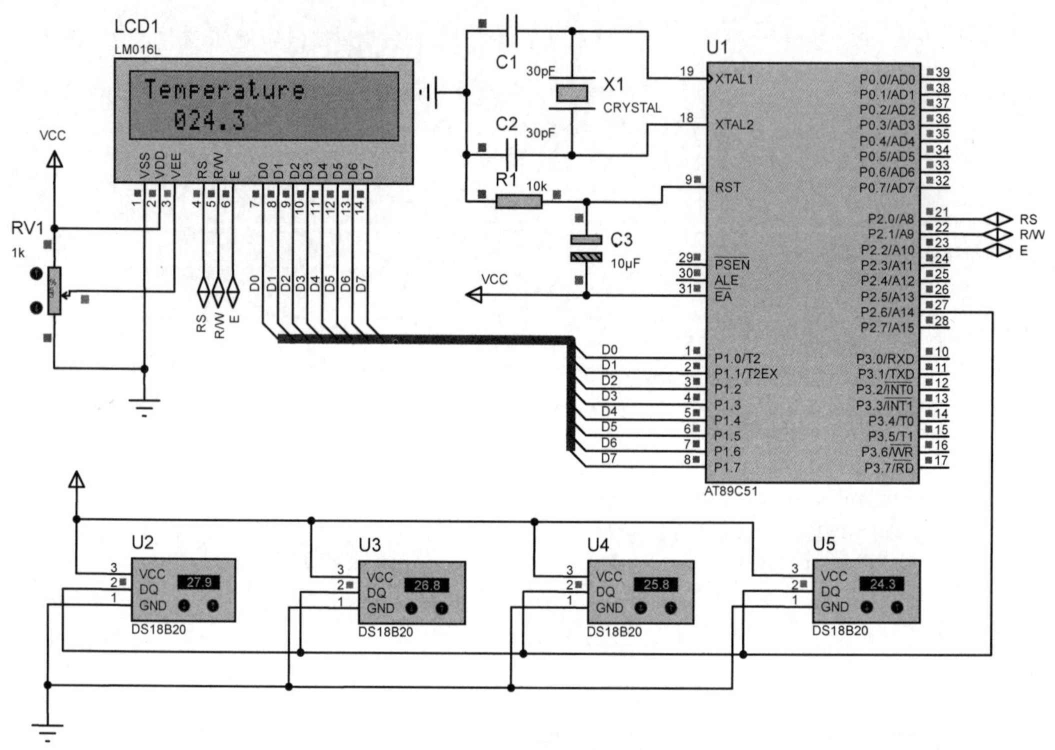

图 8-5 多点温度采集电路图

1. 多点测温方法

在 DS18B20 组成的多点测温系统中，为了区分每个传感器，首先微控制器要发出匹配 ROM 命令，然后微控制器把从数组变量中存储的 64 位序列号取出一个发送到单总线上，只有具有此序列号的 DS18B20 才接受相应主机的命令，之后的读取温度值操作就是针对该 DS18B20 的。具体步骤如下：

(1) 先发送跳过 ROM 命令 0xCC，即是启动所有的 DS18B20 进行温度转换。

此命令是启动所有 DS18B20 进行温度转换的命令。使得所有的传感器做好准备被微控制器操作。

(2) 微控制器再通过发送匹配 ROM 命令 0x55，并发送一个温度传感器的序列号到数据线，就可以定位一个温度传感器。然后微控制器可以读取一个 DS18B20 的温度数据。通过 4 次匹配 ROM 命令 0x55，发出 4 个不同的序列号，逐一定位每个传感器，读取相应的温度数据。具体流程图如图 8-6 所示。

定义 4 个传感器的序列号数组如下：

```
const unsigned char code ROMData1[8] = {0x28, 0x30,
0xC5, 0xB8, 0x00, 0x00, 0x00, 0x8E}; //U1
const unsigned char code ROMData2[8] = {0x28, 0x31,
0xC5, 0xB8, 0x00, 0x00, 0x00, 0xB9}; //U2
const unsigned char code ROMData3[8] = {0x28, 0x32,
0xC5, 0xB8, 0x00, 0x00, 0x00, 0xE0}; //U3
const unsigned char code ROMData4[8] = {0x28, 0x33,
0xC5, 0xB8, 0x00, 0x00, 0x00, 0xD7}; //U4
```

2. 序列号设置

每一个符合 1-Wire 协议的从芯片都有一个唯一的 64 地址：48 位的序列号、8 位的家族代码和 8 位的 CRC 代码。

在 DS18B20 组成的多点测温系统中，需要修改每个温度传感器的序列号，如本案例中 4 个传感器的序列号改为 B8C530H～B8C533H，传感器家族序列号一般是固定使用 28。序列号中 3 个字节 B8C532 中的序号 2 可以更改，更改后可以用软件 CRC 计算器其对应序列号。序列号最后一个字节的值是根据 3 个字节的序列号值 B8C530 计算得出的 CRC 值，计算结果数值为 8E。每个传感器的序列号 3 个字节的值 B8C53X 不同，所以计算得出的 CRC 值不同。序列号为 B8C530 的传感器完整序列号为：

```
ROM1[ ] = {0x28, 0x32, 0xC5, 0xB8, 0x00, 0x00, 0x00,
0x8E};
```

在使用 Proteus 仿真之前应先在传感器属性中设置 DS18B20 的 3 个字节的序列号。

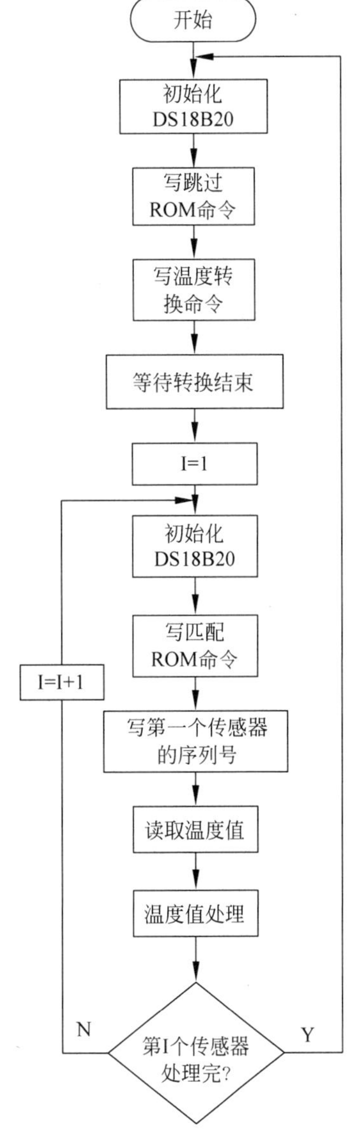

图 8-6　多点温度采集流程图

3. 温度值处理

DS18B20 中的温度传感器完成对温度的测量，数据用 16 位二进制形式提供，如表 8-7 所示，其中 S 为符号位。

表 8-7　温度数据格式

低字节	2^3	2^2	2^1	2^0	2^{-1}	2^{-2}	2^{-3}	2^{-4}
高字节	S	S	S	S	S	2^6	2^5	2^4

当收到温度转换命令后，DS18B20 的内部数字化温度转换器讲温度数据以二进制补码形式储存到 16 位快速暂存器中，有效数据位可编程设定为 9 位、10 位、11 位、12 位，分别对应 4 种分辨率：0.5℃、0.25℃、0.125℃、0.0625℃。分辨率可以控制温度数据的精度。

温度数据转化为实际温度的方法：先判断高字节的 D7、D6、D5、D4、D3 的值。如果值为 11111 则温度为负，如果值为 00000，则温度为正。

温度数据转换为实际温度的方法，按照实际温度＝转化结果×精度值计算。以12位有效数据位转化为例，其精度为0.0625℃，则实际温度＝转化结果×0.0625。另外，正温度值＝采集的16位数据×0.0625，得到实际摄氏温度。负温度值＝采集的16为数据全取反加1× 0.0625，得到实际摄氏温度。

温度数据整数部分计算方法是将高字节的低3位和低字节的高4位合并为7位温度整数部分数据。温度数据小数部分即低字节的低4位二进制值。温度数据的小数部分计算的处理方法是：通过查预先定义的数组表，将小数四舍五入，保留小数点后1位。定义的小数数值数组为：

```
uchar code xiaoshu_Table [ ] = {0,1,1,2,3,3,4,4,5,6,6,7,8,8,9,9};
```

如果仅保存一位小数，温度小数位对照数组 xiaoshu_Table，将4位小数的值0000～1111对应的16个不同小数进行四舍五入。例如，当读取的温度低字节低4位为0101时，对应的温度值小数位应为 $2^{-2}+2^{-4}=0.3125\approx0.3$，因此数组 xiaoshu_Table 第5个元素(对应于0101)的值为3，其他4位二进制小数位的值对应的一位十进制小数值以此类推。

8.2.5 案例应用程序

温度采集软件程序主要分为单个温度传感器的温度采集驱动程序模块、多个温度传感器的温度采集程序和LCD1602液晶显示驱动模块。具体实现程序如下所示：

```
#include <reg51.h>
#include <Intrins.h>
#include <stdio.h>                          //包含 printf 函数
#include <string.h>                         //包含字符串函数 strlen()
#define uchar unsigned char
#define uint unsigned int
sbit RS = P2^0;                             //3 个 LCD1602 接口引脚
sbit RW = P2^1;
sbit EN = P2^2;
sbit DIO = P2^6;                            //DS18B20 数据线端口引脚定义
uchar  Temp_Value[ ] = {0x00,0x00};         //保存 DS18B20 温度采集的结果(高 8 位、低 8 位)
code t1[ ] = {0x10,0x06,0x09,0x08,0x08,0x09,0x06,0x00};
//自定义字符 ℃ (温度单位字符)的字模数据
uchar code df_Table[ ] = {0,1,1,2,3,3,4,4,5,6,6,7,8,8,9,9};  //温度值的小数位对应的值,可查
                                                              //表获取
uchar CurrentT = 0,CurrentT2;               //温度值的整数位部分
uchar m = 0;
uchar Display_Digit[ ] = {0,0,0,0};         //保存待显示的温度值的数位,包含百位、十位、个位
                                            //和小数点后一位
uchar   ng = 0;                             //符号位 ng
void Initialize_LCD();                      // LCD1602 的初始化
void ShowString(uchar,uchar,uchar * );      // LCD1602 的显示函数
//4 个 DS18B20 的序列号
const unsigned char code ROMData1[8] = {0x28, 0x30, 0xC5, 0xB8, 0x00, 0x00, 0x00, 0x8E}; //U1
const unsigned char code ROMData2[8] = {0x28, 0x31, 0xC5, 0xB8, 0x00, 0x00, 0x00, 0xB9}; //U2
const unsigned char code ROMData3[8] = {0x28, 0x32, 0xC5, 0xB8, 0x00, 0x00, 0x00, 0xE0}; //U3
const unsigned char code ROMData4[8] = {0x28, 0x33, 0xC5, 0xB8, 0x00, 0x00, 0x00, 0xD7}; //U4
```

```
//1
void delay_5us(unsigned char y)          //延时时间为(2.17y + 5)μs , DS18B20 用的延时函数
{
    while( -- y);
}

//2
void delay(unsigned int v)
//1ms,实际是 0.998ms(晶体振动器频率为 11.0592MHz),DS18B20 用的延时函数
{
    unsigned char i;
    while(v -- )
    {
        for(i = 0;i < 111;i++);
    }
}

//3 延时 1ms = (3j + 2) * i = (3 × 33 + 2) × 10 = 1010(μs),约为 1ms
void delay1ms()
{
   unsigned char i,j;
      for(i = 0;i < 10;i++)
      for(j = 0;j < 33;j++);
  }

//4 延时若干毫秒
  void delayms44(unsigned char n)
  {
    unsigned char i;
      for(i = 0;i < n;i++)
        delay1ms();
  }

// LCD1602 驱动程序
uchar Busy_Check()
{
    uchar LCD_Status;
    RS = 0;
    RW = 1;
    EN = 1;
    delayms44(1);
    LCD_Status = P1;
    EN = 0;
    return LCD_Status;
}

//LCD1602 写命令
void Write_LCD_Command(uchar cmd)
{
    while((Busy_Check()&0x80) == 0x80);
```

```
        RS = 0;
        RW = 0;
        EN = 0;
        P1 = cmd;
        EN = 1;
        delayms44(1);
        EN = 0;
    }

    //LCD1602 写数据
    void Write_LCD_Data(uchar dat)
    {
        while((Busy_Check()&0x80) == 0x80);
        RS = 1;
        RW = 0;
        EN = 0;
        P1 = dat;
        EN = 1;
        delayms44(1);
        EN = 0;
    }

    //LCD1602 初始化
    void Initialize_LCD()
    {
        delayms44(1);
        Write_LCD_Command(0x38);
        delayms44(1);
        Write_LCD_Command(0x38);
        delayms44(1);
        Write_LCD_Command(0x06);
        delayms44(1);
        Write_LCD_Command(0x0c);
        delayms44(1);
        Write_LCD_Command(0x01);
        delayms44(1);
    }


    //LCD1602 显示字符串
    void ShowString(uchar x,uchar y,uchar * str)          //指针作为参数
    {
        uchar i = 0;
        if(y == 0)
            Write_LCD_Command(0x80|x);                    //写地址命令
        if(y == 1)
            Write_LCD_Command(0xc0|x);
            for(i = 0;i < strlen(str);i++)
        {
            Write_LCD_Data(str[i]);
        }
```

```
}

//温度传感器:从单总线读一个字节,返回读到的内容
unsigned char readbyte(void)
{
    unsigned char i,j;
    j = 0;
    for(i = 0;i < 8;i++)
    {
        j = j >> 1;
        DIO = 0;                          //拉低总线
        _nop_();                          //要求大于 1μs,但又不能超过 15μs
        _nop_();
        DIO = 1;                          //释放总线
        _nop_();
        _nop_();
        if(DIO == 1)                      //如果是高电平
        {
            j| = 0x80;
        }
        delay_5us(30);                    //要求总时间在 60~120μs
        DIO = 1;                          //释放总线
        _nop_();                          //要求大于 1μs
    }
    return j;
}

void writebyte(unsigned char x)           //温度传感器:向单总线写一个字节
{
    unsigned char i;
    for(i = 0;i < 8;i++)
    {
        DIO = 0;                          //拉低总线
        _nop_();                          //延时大于 1μs,但又不能超过 15μs
        _nop_();
        if(0x01&x)
        {
          DIO = 1;                        //如果最低位是 1,则将总线拉高
        }
        delay_5us(30);                    //延时 60~120μs
        DIO = 1;                          //释放总线
        _nop_();                          //要求大于 1μs
        x = x >> 1;                       //移位操作,准备好发送下一位数据
    }
}

void DS18b20_int(void)                    //每次上电都进行 DS18B20 初始化.
{
    DIO = 0;
    delay_5us(255);                       //要求 480~960μs
    DIO = 1;                              //释放总线
```

```
    delay_5us(30);                          //要求 60～120μs
    if(DIO == 0)
    {
        delay_5us(200);                     //要求释放总线后 480μs 内结束复位
        DIO = 1;                            //释放总线
        writebyte(0xcc);                    //发送 Skip ROM 命令
        writebyte(0x4e);                    //发送"写"暂存 RAM 命令
        writebyte(0x00);                    //温度报警上限设为 0
        writebyte(0x00);                    //温度报警下限设为 0
        writebyte(0x7f);                    //将 DS18B20 设为 12 位精度,精度就是 0.0625℃
        DIO = 0;
        delay_5us(255);                     //延时 480～960μs
        DIO = 1;                            //释放总线
        delay_5us(240);                     //释放总线后 480μs 内结束复位
        DIO = 1;                            //释放总线
    }
}

//5
void DelayMS(unsigned int ms)
{
    unsigned char i;
    while(ms -- )
    {
        for(i = 0;i < 120;i++);
    }
}

//温度传感器序列号匹配,即写一个序列号到数据线,序列号被某个传感器收到确认是找它通信
void MatchROM(const unsigned char * p)
{
    unsigned char i;
    DS18b20_int();
    writebyte(0x55);                        //用于多个 DS18B20 时定位,匹配 ROM 命令
    for (i = 0; i < 8; i++) writebyte( * (p + i));    //发送 1 个序列号的 8 字节数据
}

void Read_m_Temperature()                   //读取多个温度传感器的温度值
{
  static unsigned char i  = 1;
  i++;
  if (i  == 5) i = 1;
  ng = 0;
  DS18b20_int();              //初始化传感器
  writebyte(0xcc);            //先发送跳过 ROM 命令(0xcc)
  writebyte(0x44);            //启动所有 DS18B20 进行温度转换的命令,做好准备被 MCU 读取
  delay(500);                 //延时
  delay(500);                 //延时
  DS18b20_int();              //返回传感器状态值
  switch (i)                  //只匹配 1 个传感器,写/发送 1 个序列号
                              //只有具有此序列号的 DS18B20 才接受相应主机的命令
```

```
                    //之后操作就是针对该 DS18B20 的.
    {
        case 1 : MatchROM(ROMData1); break;    //匹配 1
        case 2 : MatchROM(ROMData2); break;    //匹配 2
        case 3 : MatchROM(ROMData3); break;    //匹配 3
        case 4 : MatchROM(ROMData4); break;    //匹配 4
    }

   writebyte(0xBE);
   //读某个传感器的数据命令,可读取 9 字节,后边实际只读取 2 字节数据
   Temp_Value[0] = readbyte();                 //低 8 位,格式为补码形式
   Temp_Value[1] = readbyte();                 //高 8 位,格式为补码形式
}

// DS18B20 温度数据处理(整数、小数、符号)
void deal_Temperature()
{
    if((Temp_Value[1]&0xf8) == 0xf8)  //高字节的高 5 位是符号,如果值是 11111 则为负数
    {
        Temp_Value[1] = ~Temp_Value[1];        //16 位二进制数据全取反
        Temp_Value[0] = ~Temp_Value[0] + 1;    //再加 1
        if(Temp_Value[0] == 0x00)              //如果有进位
        Temp_Value[1]++;
        ng = 1;                                //是负数
    }
    Display_Digit[0] = df_Table[Temp_Value[0]&0x0f] + 0x30;
    //查表得到小数部分对应的值,并转换为 ASCII 码
    //处理整数位(共 7 位二进制数据)
    CurrentT = ((Temp_Value[0]&0xf0)>> 4)|((Temp_Value[1]&0x07)<< 4);
    //解析出整数部分的百位、十位和个位
    Display_Digit[3] = CurrentT/100 + 0x30;      //解析出百位,并转换为 ASCII 码
    Display_Digit[2] = CurrentT % 100/10 + 0x30; //解析出十位,并转换为 ASCII 码
    Display_Digit[1] = CurrentT % 10 + 0x30;     //解析出个位,并转换为 ASCII 码
    if(ng == 1)
    {
    ShowString(1,1, "-");                        //显示负号
    }
    else
    {
    ShowString(1,1, " ");                        //显示空格
    if(Display_Digit[3]  == 0x30)ShowString(2,1,' '); //百位为 0 即 0x30,显示百位为空格
    else ShowString(2,1, &Display_Digit[3]);          //显示百位
    if(Display_Digit[2]  == 0x30 && Display_Digit[3] == 0x30)ShowString(3,1, ' ');
    //若十位的值为 0,即 0x30,显示十位的值为空格;
    else ShowString(3,1, &Display_Digit[2]);  //显示十位
    ShowString(4,1, &Display_Digit[1]);       //显示个位
    ShowString(5,1, ".");                     //显示小数点
```

```
        ShowString(6,1, &Display_Digit[0]);         //显示小数点后 1 位数据
        ShowString(8,1, "                  ");      //小数点之后不要显示数字
    }
        //显示摄氏度单位字符℃
        Write_LCD_Command(0x40);                    //设定 CGRAM 地址,第 1 个字符起始地址 40H
        for(m = 0;m < 8;m++)
        {
         Write_LCD_Data(t1[m]);                     //将字符℃的 8 字节字模数据写入 CGRAM 中
        }
        Write_LCD_Command(0xC7);                    //设定上排的显示位置: 第 1 行第 7 列
        Write_LCD_Data(m);
    }

    int main(void)
    {
        Initialize_LCD();
        ShowString(0,0,"Temperature");
        DS18b20_int();                              //初始化温度传感器
    while (1)
        {
          Read_m_Temperature();      //每次读取 1 个传感器的温度值,下次执行读取另外一个传感器
          deal_Temperature();                       //温度数据处理
          DelayMS(200);
        }
    }
```

8.2.6 案例分析

1. 传感器的匹配方法

微控制器选定一个温度传感器的方法是先发送匹配 ROM 命令(0x55),然后发送一个温度传感器的 8 字节序列号数据到数据线。这样微控制器才能读取一个指定的 DS18B20 的温度数据。通过顺序执行 4 次匹配过程,按顺序先后定位每个传感器,并先后读取相应的温度数据。具体实现代码如下:

```
switch (i)
{
    case 1 : MatchROM(ROMData1); break;     // 匹配温度传感器 1
    case 2 : MatchROM(ROMData2); break;     // 匹配温度传感器 2
    case 3 : MatchROM(ROMData3); break;     // 匹配温度传感器 3
    case 4 : MatchROM(ROMData4); break;     // 匹配温度传感器 4
}
```

2. 百位、个位为 0 时,LCD1602 不显示 0

LCD1602 液晶显示器显示温度时,为了不显示百位为 0 的数据,或者百位、十位同时为 0 的数据,可以将高位为 0 的位置显示空格。实现的方法如下:

```
if(Display_Digit[3] == 0x30)ShowString(2,1, ' ');
```

```
//百位的值为 0,即 0x30,显示百位为空格
else ShowString(2,1, &Display_Digit[3]);   //显示百位
if(Display_Digit[2] == 0x30 && Display_Digit[3] == 0x30)ShowString(3,1, '');
//个位的值为 0,即 0x30,显示十位为空格
else ShowString(3,1, &Display_Digit[2]);   //显示十位
```

3. LCD1602 显示自定义的摄氏度单位符号

```
//显示温度单位℃
Write_LCD_Command(0x40);                    //设定 CGRAM 地址第 1 个字符起始地址 40H
for(m = 0;m < 8;m++)                        //将字符℃ 的字模数据写入
{
 Write_LCD_Data(t1[m]);                     //将 8 字节字模数据逐一写入 CGRAM 中
}
Write_LCD_Command(0xC7);                    //设定上排的显示位置: 第 1 行第 7 列
Write_LCD_Data(m);                          //显示自定义字符
```

8.3 SHT11 温度湿度传感器

8.3.1 案例概述

通过 8051 系列微控制器读取 SHT11 温度湿度传感器的温度湿度数据并显示在 LCD1602 上。

8.3.2 要求

掌握 SHT11 温度湿度传感器的性能特点、接口时序和命令,接口电路和相应的驱动程序。

8.3.3 知识点

SHT11 温度湿度传感器的内部结构、工作原理、温度和湿度采集驱动程序的编写方法。使用 8051 微控制器的 I/O 引脚模拟 SHT11 的 IIC 接口协议,实现温湿度数据的采集。

8.3.4 原理

1. 介绍

SHT11 是瑞士 Sensirion 公司生产的具有接口的单片全校准数字式相对湿度和温度传感器,采用独特的 CMOSens 技术,具有数字输出、免调试、免校准、外围电路全互换等特点。该芯片广泛应用于暖通空调、汽车、消费电子、自动控制等领域。

SHT11 温度湿度传感器的主要特性如下:

(1) 将温度湿度传感器、信号放大调理、A/D 转换、IIC 总线接口全部集成于一个芯片(CMOSens 技术);

(2) 可给出全校准相对湿度、温度值输出;

(3) 带有工业标准的 IIC 总线数字输出接口,接口简单;

(4) 具有露点值计算输出功能;

(5) 具有卓越的长期稳定性;

(6) 湿度值输出分辨率为14位,温度值输出分辨率为12位,并可编程改为12位和8位;

(7) 体积小(7.65mm×5.08mm×23.5mm),可表面贴装;

(8) 具有可靠的CRC数据传输校验功能;

(9) 片内装载的校准系数可保证100%互换性;

(10) 电源电压范围为2.4～5.5V;

(11) 电流消耗,测量时为550μA,平均为28μA,休眠时为3μA。

2. 内部结构

SHT11内部包括温度传感器、湿度传感器、运算放大器、A/D转换器、校准寄存器、二线制串行数字接口和CRC校验模块,结构如图8-7所示。

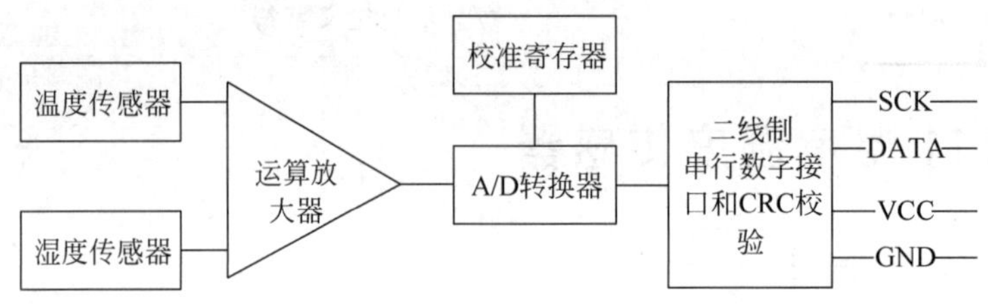

图8-7 SHT11的内部结构

SHT11使用非标准的二线制串行数字接口和微控制器进行通信,其中SCK为时钟线,DATA为数据线。

3. 外部引脚

SHT11温湿度传感器使用非标准的两线制串行数字接口和微控制器进行通信,主要引脚有时钟线SCK和数据线DATA。SHT11传感器的外部引脚如图8-8所示,NC引脚表示不连接(Not Come),因此只有4个需要连接的引脚。其中,引脚2和引脚3分别是传感器的数据线(DATA)和时钟线(SCK),用于和微控制器I/O接口相连。SHT11传感器的工作电压(VDD)范围为2.4～5.5V。

其引脚说明如下:

① GND是接地端;

② DATA是双向串行数据线;

③ SCK是串行时钟输入;

④ VDD是2.4～5.5V电源端;

⑤ (5～8) NC是空引脚。

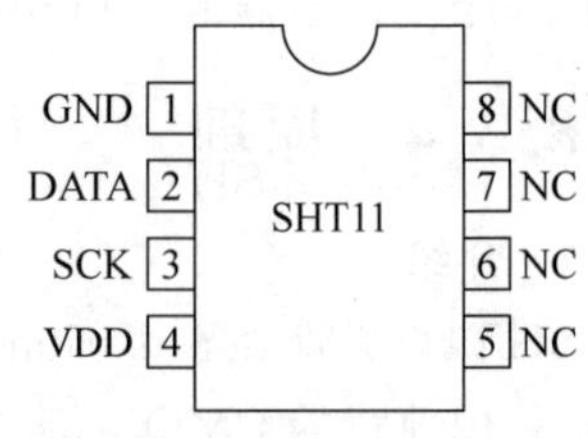

图8-8 SHT11的外部引脚

SHT11温湿度传感器与微控制器的硬件连接接口如图8-9所示。

微控制器采用二线制串行数字接口和温湿度传感器芯片SHT11进行通信,所以硬件接口设计非常简单;然而,通信协议是芯片厂家自己定义的,所以在软件设计中,需要用微控制器的通用I/O接口模拟IIC通信。

另外,需要注意的是,DATA数据线需要外接上拉电阻,时钟线SCK用于微控制器和SHT11之间通信同步,由于接口包含了完全静态逻辑,所以对SCK最低频率没有需求;当

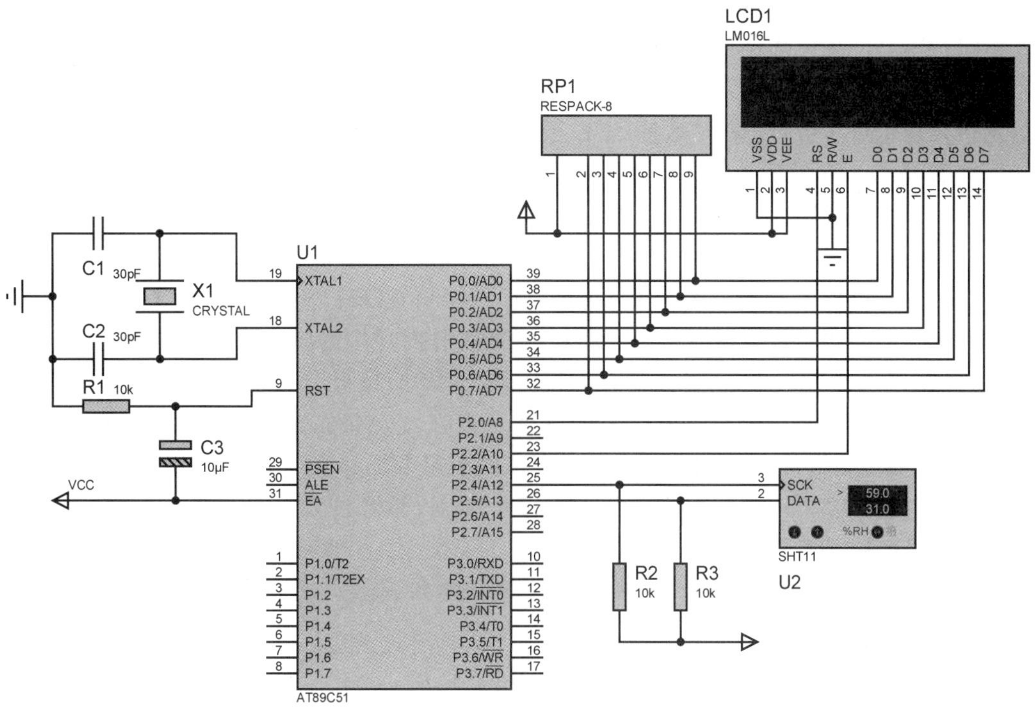

图 8-9 SHT11 与微控制器的接口电路

工作电压高于 4.5V 时，SCK 频率最高为 10MHz，而当工作电压低于 4.5V 时，SCK 最高频率则为 1MHz。

SHT11 与微控制器的连接后，它们之间就可以根据通信协议进行二线制串行通信。通信时，微控制器为主机，SHT11 为从机。SHT11 的时钟线 SCK 用来确保与微控制器同步。DATA 为三态缓冲输入输出引脚，可以接收微控制器输入的控制命令、输出温湿度测量结果或呈高阻态。按照 IIC 通信协议，DATA 引脚的数据只有在 SCK＝0 时才能更新（在启动传感器时除外）。

4. 工作步骤

按照 IIC 通信协议的规范，每个 IIC 设备有 7 位地址。微控制器为主机，SHT11 为从机。微控制器控制 SHT11 测量温湿度数据的工作步骤如下：

（1）启动。

主机发出启动命令。

（2）写入控制字。

主机发出启动命令，随后发出一个 8 位控制命令，该命令包含 3 个地址位（芯片设定的地址）和 5 个命令位；发送完该命令，将 DATA 总线设为输入状态以便等待 SHT11 的响应。SHT11 接收到上述地址和命令后，在第 8 个时钟下降沿，将 DATA 下拉为低电平作为从机的应答信号 ACK。

（3）读出测量结果。

在第 9 个时钟下降沿之后，从机释放 DATA（置为高电平），然后从机开始测量当前湿度，测量结束后，再次将 DATA 引脚拉为低电平。主机检测到 DATA 被拉低后，得知从机湿度测量已经结束,给出 SCK 时钟信号。

然后从机在 SCK 周期信号的控制下,先输出高字节数据,之后在第 9 个 SCK 时钟下降沿,主机将 DATA 拉低作为应答 ACK 信号,然后释放 DATA。在随后 8 个 SCK 周期下降沿,从机发出低字节数据;在随后的 SCK 下降沿,主机再次将 DATA 拉低作为接收数据的应答 ACK 信号。在最后 8 个 SCK 下降沿,从机发出 CRC 校验数据,主机不会应答(即 NACK),表示测量结束。

(4) 数据计算、温度补偿。

时序图中,DATA 引脚信号为粗线的部分,该引脚由 SHT11 控制。而 DATA 信号为细线的部分,该引脚由微控制器控制。另外,关于工作时序中的应答信号总结如下:

微控制器发送完 8 位控制命令,SHT11 将 DATA 拉低,向微控制器发送应答信号 ACK,表示传感器接收了微控制器发来的命令。SHT11 测量结束后,将 DATA 拉低,微控制器就得知测量结束,接着 SHT11 发送 2 字节的测量数据和 1 字节的 CRC 校验码。同时微控制器每接收 1 字节,微控制器都发应答信号 ACK,即将 DATA 拉低。

5. 温湿度数据测量具体实现

下面对 SHT11 测量温湿度数据的具体实现描述如下:

(1) 启动。

SHT11 与微控制器进行数据通信之前,要通过“启动传输”时序启动数据传输,时序如图 8-10 所示,当 SCK 时钟为高电平时,DATA 翻转为低电平;紧接着 SCK 变为低电平,随后又变为高电平。在 SCK 时钟为高电平时,DATA 再次翻转为高电平。

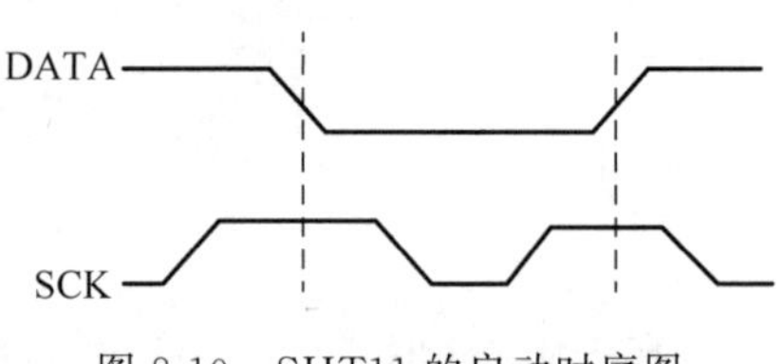

图 8-10 SHT11 的启动时序图

```
void START SHT11( )                    //启动 SHT11,对照 SHT11 的时序图操作
{
    SCK = 1;
    DATA = 0;
    SCK = 0;
    SCK = 1;
    DATA = 1;
    SCK = 0;
}
```

接下来的命令顺序包含 3 个地址位(目前只支持 000)和 5 个命令位,当 DATA 引脚的 ACK 位处于低电位时,表示 SHT11 正确收到命令。

注意:*启动 SHT11 的过程中,在 SCK 位为高电平期间,DATA 由低电平向高电平的变化表示终止信号。而 DATA 由高电平向低电平的变化表示起始信号。*

(2) 写入控制命令字。

微控制器控制 SHT11 传感器的控制命令有 5 条,具体命令如表 8-8 所示。每条控制命令字由 3 个地址位(目前只支持 000)和 5 个命令位构成。

表 8-8 SHT11 的控制命令

命令	编码	说明
测量温度	00011	温度测量
测量湿度	00101	湿度测量
读寄存器状态	00111	“读”状态寄存器
写寄存器状态	00110	“写”状态寄存器
软启动	11110	重启芯片，清除状态记录器的错误记录 11ms 后进入下一个命令

(3) 微控制器读出测量结果。

当发出了湿(温)度测量命令后，控制器就要等到测量完成。

SHT11 采用 8 位/12 位/14 位的分辨率的情况下，传感器测量分别需要大约 11ms/55ms/210ms 的时间。

为表明测量完成，SHT11 会使数据线为低，此时微控制器必须重新启动 SCK，然后传送 2 字节的测量数据与 1 字节 CRC 校验和。微控制器必须将数据线 DATA 置为低来确认每一个字节，所有的数据均从右开始计算，MSB 列于第一位。采集过程在控制器确认 CRC 数据位后停止。如果没有用 CRC-8 校验和，控制器就会在测量数据 LSB 后保持 ACK 为高来停止通信，SHT11 在测量和通信完成后会自动返回睡眠模式。需要注意的是，为使 SHT11 的温升低于 0.1℃，此时的工作频率不能大于标定值的 15%(如，12 位精确度时，每秒最多进行 3 次测量)。

(4) 数据计算。

线性补偿：由于 SHT11 传感器测量得到的相对湿度呈现非线性，所以需要进行线性补偿。线性补偿的公式为：

$$R1=C1+C2\times S+C3\times S^2$$

式中，R1 为线性补偿后的湿度值，S 为湿度测量值，C1、C2、C3 为补偿系数。系数取值如表 8-9 所示。

表 8-9 C1、C2、C3 系数取值

S 分辨率	C1	C2	C3
8 位	−4	0.0405	-7.2×10^{-6}
12 位	−4	0.648	-2.8×10^{-4}

另外，实际环境温度对湿度的影响也非常大，所以 SHT11 传感器测量得到的湿度数据还要进行温度补偿。补偿的公式为：

$$R2=(T-25)\times(t1+t2\times S)+R1$$

式中，R2 为线性补偿和温度补偿之后的湿度值，T 为测量湿度时候的实际环境温度，t1、t2 为补偿系数。系数取值如表 8-10 所示。

表 8-10 t1、t2 系数取值

S 分辨率	t1	t2
8 位	0.01	0.00128
12 位	0.01	0.00008

由于SHT11温度传感器的线性非常好，故可用下列公式将温度数字输出转换成实际温度值：

$$T = d1 + d2 \times ST$$

式中，ST为测量温度值。d1、d2为特定系数，当电源电压为5V，且SHT11的分辨率为14位时，d1＝−40、d2＝0.01，当SHT11的分辨率为12位时，d1＝−40、d2＝0.04。

另外，SHT11分辨率的设置是通过状态寄存器来控制。SHT11传感器中的一些高级功能是通过状态寄存器最低位的设置来实现的。最低位为0，即SHT11设置为12位湿度和14位温度测量；最低位为1，即SHT11设置为8位湿度和12位温度测量。将测量分辨率从14位(温度)和12位(湿度)分别减到12位和8位，可应用于高速或低功耗场合。

8.3.5 案例应用程序

湿度测量程序如下所示：

```
sbit DATA = P2^5;                   //SHT11 数据引脚
sbit SCK = P2^4;                    //SHT11 时钟引脚
void Start_SHT11(void)
{
   DATA = 1;
   SCK = 0;                         //初始化状态
   delay_nus(4);
   SCK = 1;                         //启动时序: SCK 为 1,DATA 置为低电平
   delay_nus(4);
   DATA = 0;
   _nop_();
   SCK = 0;                         //SCK 变为低电平
   delay_nus(4);
   SCK = 1;                         //SCK 重新为高电平期间,DATA 置为高电平,启动 SHT11
   delay_nus(4);
   DATA = 1;
   delay_nus(4);
   SCK = 0;
}

//向 SHT11 传感器写命令字
void W_SHT11(unsigned char command)
{
  unsigned char i;
  Start_SHT11();
  for (i = 0;i < 8;i++)             //每个命令字包含 8 位数据
  {
    if ((command&0x80) == 0x80)//先写命令字的高位
      {
        DATA = 1;                   //通过数据线向传感器写 1
      }
    else
      {
        DATA = 0;                   //通过数据线向传感器写 0
```

```
        }
        command <<= 1;              //命令字左移 1 位
        delay_nus(4);               //延时
        SCK = 1;
        delay_nus(4);
        SCK = 0;
        delay_nus(4);
    }

    DATA = 1;                       //DATA 置为 1
    delay_nus(4);
    SCK = 1;                        //在第 9 个时钟时等待应答 ACK
    while(DATA == 1);               //DATA = 0,表示传感器成功收到写入命令
    SCK = 0;                        //第 9 个时钟下降沿需将 DATA 释放(上拉为高电平)
    DATA = 1;
    delay_nms(100);                 //延时,测量 12 位数据需等待 80ms 以上
    while(DATA == 1);               //等待测量结束,即 DATA 被传感器置为 0
}

char R_SHT11(void)                  //从 SHT11 传感器读一个字节的数据
{
    unsigned char i;
    unsigned char  x = 0;           //存储一个字节的测量数据
    DATA = 1;                       //DATA 置为 1
    delay_nus(4);
    for (i = 0;i < 8;i++)           //读 8 位数据
    {
        x <<= 1;
        SCK = 1;
        if (DATA == 1)
        {
            x| = 0x01;              //从传感器读 1
        }
        SCK = 0;
    }
    DATA = 0;           //每读一个字节,需将 DATA 置为 0,表示微控制器成功收到一个字节数据
    delay_nus(4);
    SCK = 1;                        //第 9 个时钟
    delay_nus(4);
    SCK = 0;
    delay_nus(4);
    DATA = 1;                       //DATA 置为 0,为读下一字节做准备
    return x;
}
```

LCD1602 显示驱动程序如下：

```
#include <reg51.h>
#include <intrins.h>
#include <string.h>
#define uchar unsigned char
```

```
#define uint unsigned int
uchar code  ccc[] = "hello";    //显示数组
void Init_LCD();
sbit RS = P2^0;
sbit RW = P2^1;
sbit EN = P2^2;
void delayms(uint ms)
{
    uchar i;
    while(ms--)
    {
        for(i = 0;i < 120;i++);
    }
}

uchar Busy_Check()
{
    uchar LCD_Status;
    RS = 0;
    RW = 1;
    EN = 1;
    delayms(1);
    LCD_Status = P0;
    EN = 0;
    return LCD_Status;
}

void Write_Command(uchar cmd)  //写命令
{
    while((Busy_Check()&0x80) == 0x80);
    RS = 0;
    RW = 0;
    EN = 0;
    P0 = cmd;
    EN = 1;
    delayms(1);
    EN = 0;
}

void Write_Data(uchar dat)     //写数据
{
    while((Busy_Check()&0x80) == 0x80);
    RS = 1;
    RW = 0;
    EN = 0;
    P0 = dat;
    EN = 1;
    delayms(1);
    EN = 0;
}
```

```
//初始化
void Init_LCD()
{
    delayms(1);
    Write_Command(0x38);
    delayms(1);
    Write_Command(0x06);
    delayms(1);
    Write_Command(0x0c);
    delayms(1);
    Write_Command(0x01);
    delayms(1);
}
}
```

主函数如下所示：

```
#include<reg51.h>                          //包含单片机寄存器的头文件
#include<intrins.h>                        //包含_nop_()函数定义的头文件
#include"delay.c"
#include"1602.c"
#include"SHT11.c"
uchar Display_Digit[] = {0,0,0,0};
//保存待显示的湿度数据的十位、个位和小数点后 2 位
//显示测量结果
void DisplayResult(float x)
{
   unsigned char INT,DEC;
   INT = x;
   DEC = x * 100 - INT * 100;
//整数部分数据：十位、个位
Display_Digit[3] = INT/10 + 0x30;          //十位转换为 ASCII 码
Display_Digit[2] = INT % 10 + 0x30;        //个位转换为 ASCII 码
//小数点后 2 位
Display_Digit[1] = DEC/10 + 0x30;          //转换为 ASCII 码
Display_Digit[0] = DEC % 10 + 0x30;        //转换为 ASCII 码
if(Display_Digit[2] == 0x30 )ShowString(6,1,' ');  //十位的值为 0,即 0x30,显示十位为空格
else ShowString(6,1, &Display_Digit[3]);   //显示十位
ShowString(7,1, &Display_Digit[2]);        //显示个位
ShowString(8,1, ".");                      //显示小数点
ShowString(9,1, &Display_Digit[1]);        //显示小数点后 1 位数据
ShowString(10,1, &Display_Digit[0]);       //显示小数点后 2 位数据
ShowString(11,1," % ");                    //位置 11 开始显示 %
ShowString(12,1,"           ");            //位置 12 开始显示空白
}

void main(void)
{
    unsigned char  rh_H,rh_L;              //分别存储湿度数据的高字节和低字节
    unsigned int Res;                      //存储转换结果
    float RH;                              //相对湿度
```

```
    Init_LCD() ;                                //调用 LCD 初始化函数
    Write_Command(0x04);                        //指定显示地址
    Write_Data('R');
    Write_Data('H');
    Write_Data('=');
    Write_Command (0x09);
    Write_Data('.');                            //显示小数点
    Write_Command (0x0c);
    Write_Data('%');                            //显示字符'%'

   while(1)
   {
    Write_SHT11(0x05);
    rh_H = Read_SHT11();                        //读第一个(高)字节,前 4 位为无用数据(0000)
    rh_L = Read_SHT11();                        //读第二个(低)字节
    Res = rh_H * 256 + rh_L;
    RH = -4.0 + 0.0405 * Res - 2.8 * (0.001 * Res) * (0.001 * Res);  //湿度补偿公式
    DisplayResult(RH);                          //显示湿度测量结果
   }
}
```

8.4 DS1302 时钟

8.4.1 案例概述

通过 8051 系列微控制器从 DS1302 读取当前的时钟数据：年月日和时分秒，并将该数据通过液晶显示器 LCD1602 显示出来。

8.4.2 要求

(1) 掌握日历时钟芯片 DS1302 的硬件结构特点，工作原理和使用方法；

(2) 掌握串行口日历时钟 DS1302 的驱动程序开发，熟悉使用 DS1302 获取当前时钟数据；

(3) 巩固字符型液晶显示器 LCD1602 的显示驱动程序开发。

8.4.3 知识点

时钟芯片 DS1302 的内部结构、硬件原理及驱动程序设计。

8.4.4 原理

1. DS1302 简介

DS1302 是美国 DALLAS 公司设计的一种高性能、低功耗的实时时钟芯片。可提供时间信息如下：

(1) 秒、分、时、日、日期、月、年的信息；

(2) 每月的天数和闰年的天数可自动调整；

(3) 可通过 AM/PM 指示决定采用 24 小时或 12 小时格式；

(4) 保持数据和时钟信息时功率小于 1mW；

DS1302 的外部引脚如图 8-11 所示。

DS1302 的引脚功能介绍如下：

X1、X2 是外接 32.768kHz 晶振引脚，为芯片提供计时脉冲。GND 为地线（图中未画出）。I/O 为数据输入/输出引脚，作为双向数据线。

SCLK 是串行时钟输入引脚，控制数据的输入与输出。

VCC1、VCC2 是电源供电引脚。VCC1 为主电源；VCC2 为备份电源。当 VCC2＞VCC1＋0.2V 时，由 VCC2 向 DS1302 供电，当 VCC2＜VCC1 时，由 VCC1 向 DS1302 供电。RST 是输入复位信号引脚，在读、写数据期间，必须为高。DS1302 的内部结构如图 8-12 所示。

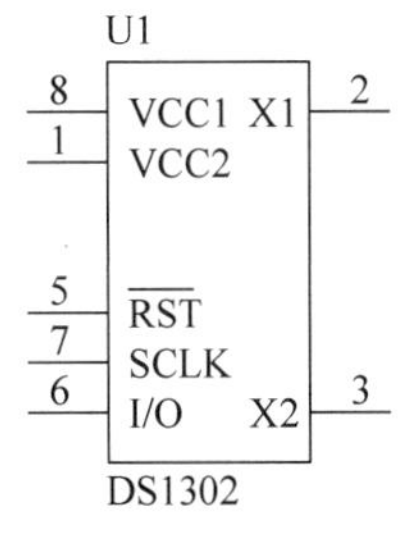

图 8-11 DS1302 外部引脚

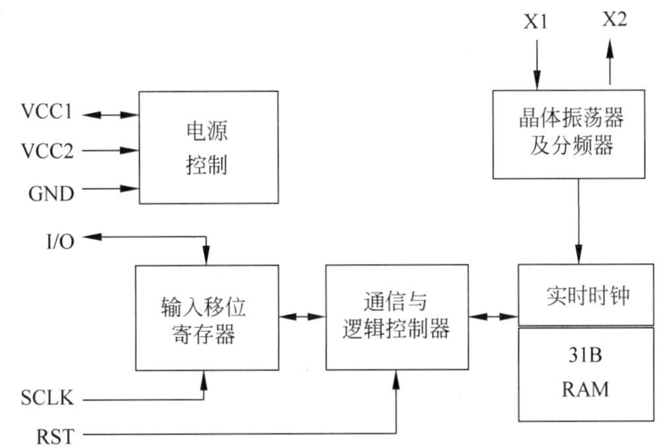

图 8-12 DS1302 的内部结构

如图 8-12 所示，DS1302 内部包括一个实时时钟/日历和 31B 的静态 RAM。另外还包括电源控制模块、输入移位寄存器、通信与逻辑控制器、晶体振荡器及分频器。

DS1302 采用 SPI 三线串行接口与微控制器进行同步通信，微控制器采用两种方式读取 DS1302 内部时钟数据或 RAM 数据，即单字节操作方式和多字节操作方式。单字节操作方式一次操作一个寄存器。多字节操作(突发模式)方式一次操作所有寄存器，一次可以读取多个字节的时钟信号或 RAM 数据。

2. 命令字

微控制器通过命令字对 DS1302 进行控制，例如，选择对应的寄存器和读/写操作内容。每一次进行读/写操作，微控制器都必须先对 DS1302 写入一个命令字。DS1302 的命令控制字格式如表 8-11 所示。

表 8-11 命令控制字格式

7	6	5	4	3	2	1	0
1	RAM	A4	A3	A2	A1	A0	RD
0	$\overline{CK}$						$\overline{WR}$

命令字总是由低位到高位依次写入 DS1302。命令字中各位的控制功能如下所述：

(1) 最高有效位(位 7)必须是逻辑 1,如果它为 0,则不能把数据写入到 DS1302 中。

(2) 位 6 如果为 0,则表示存取日历时钟数据,为 1 表示存取 RAM 数据；

(3) 位 5～位 1(A4～A0)指示操作单元的地址；

(4) 位 0(最低有效位)如果为 0,则表示要进行写操作,为 1 表示进行读操作。

3. 寄存器数据格式

对 DS1302 的操作就是对其内部寄存器的操作。DS1302 内部共有 12 个寄存器,其中有 7 个寄存器与日历、时钟相关,其存放的数据位为 BCD 码形式。7 个寄存器包括年份寄存器、控制寄存器、充电寄存器、时钟突发寄存器及 RAM 相关的寄存器等。其中时钟日历数据保存在 7 个读/写寄存器内,读/写寄存器中的数据是二-十进制的 BCD 码形式。另外,时钟突发寄存器可一次性顺序读写除充电寄存器以外的寄存器。

对 DS1302 中相关寄存器读写操作的常用命令字如表 8-12 所示。

表 8-12 DS1302 常用命令字内容

读	写	Bit7	Bit6	Bit5	Bit4	Bit3	Bit2	Bit1	Bit0	取值范围
81H	80H	CH	秒(十位)			秒(个位)				00～59
83H	82H		分(十位)			分(个位)				00～59
85H	84H	12/24	0	10 AM/PM	小时	小时				1～12 /0～23
87H	86H	0	0	日(十位)		日				1～31
89H	88H	0	0	0	月(十位)	月				1～12
8BH	8AH	0	0	0	0	0	星期			1～7
8DH	8CH	年(十位)				年(个位)				00～99
8FH	8EH	WP	0	0	0	0	0	0	0	—
91H	90H	TCS	TCS	TCS	TCS	DS	DS	RS	RS	—

读/写秒寄存器命令字 81H/80H 的 Bit7 位 CH 定义为时间暂停位,当 CH 为 1 时,时钟振荡器停止工作,DS1302 进入低功耗模式,电源消耗小于 100μA,当 CH 为 0 时,时钟振荡器启动,DS1302 正常工作。

读/写小时寄存器命令字 85H/84H 的 Bit7 位定义为 12 或 24 小时工作模式选择位,当 Bit7 为高时,为 12 小时工作模式,此时 Bit5 为 AM/PM 位,低电平标示 AM,高电平标示 PM,在 24 小时模式下,Bit5 为第二个 10 小时位标示(20～23 时)。

读/写写保护寄存器命令字 8FH/8EH 的 Bit7 位 WP 是写保护位,当 DS1302 工作时,除 WP 外的其他控制位都置为 0。对时钟/日历寄存器或 RAM 进行写操作之前,WP 必须为 0。当 WP 为高电平的时候,不能对任何时钟/日历寄存器或 RAM 进行写操作。DS1302 中的 31 字节静态 RAM 的地址如表 8-13 所示。

表 8-13　31 字节静态 RAM 地址

读　地　址	写　地　址	范　　围
C1H	C0H	00H～FFH
C3H	C2H	00H～FFH
C5H	C4H	00H～FFH
⋮	⋮	⋮
FDH	FCH	00H～FFH

4. DS1302 的接口电路

DS1302 采用 SPI 三线串行接口与微控制器进行同步通信，DS1302 应用仿真电路原理如图 8-13 所示，微控制器通过 P2 口的 P2.0、P2.1 和 P2.2 引脚连接 DS1302 的 SCLK、I/O 和 $\overline{\text{RST}}$ 3 个引脚，实现 SPI 三线串口数据通信连接。

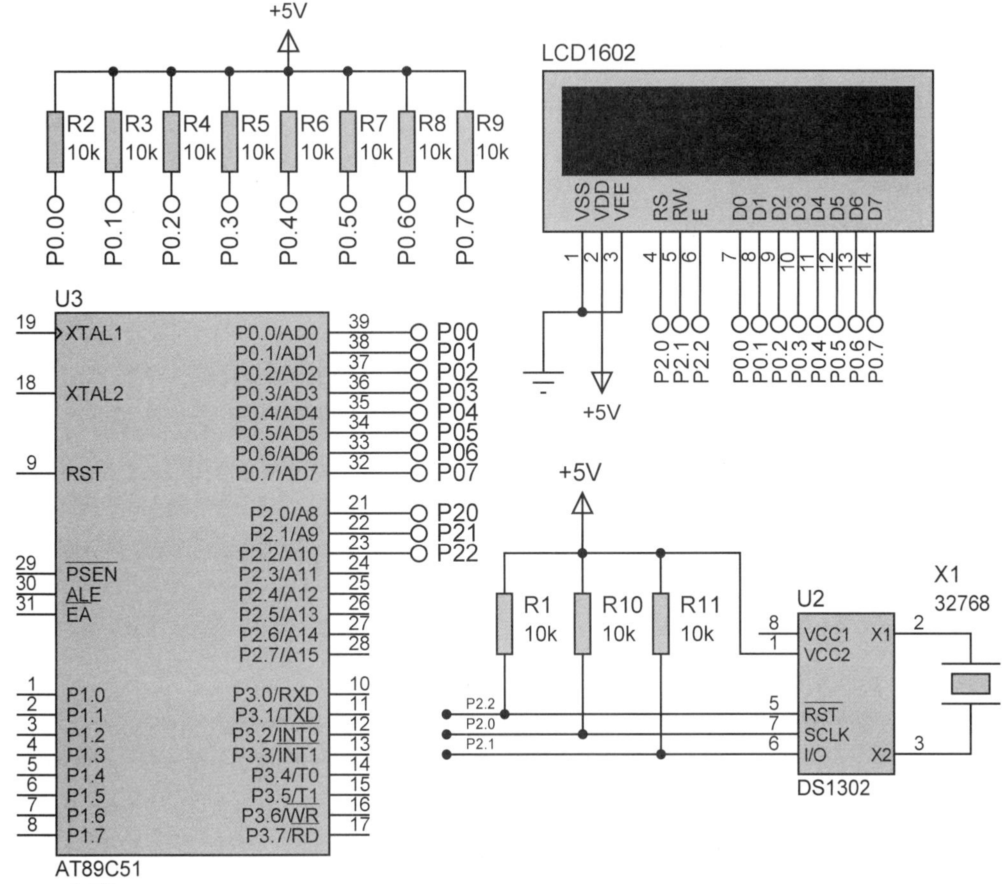

图 8-13　DS1302 接口电路图

5. DS1302 应用编程

读写 DS1302 之前，先写入地址(由低位到高位依次写入)。读取数据时，也由低位到高位依次读出。例如，设置秒的初值：先写命令 80H，再写初值。读取秒的值，先写命令 81H，再读值。微控制器对 DS1302 的内部数据读写时要有控制引脚进行时序控制，下面介绍 DS1302 的控制引脚的功能。

时钟引脚 SCLK：无数据传输时，引脚 SCLK=0；时钟输入引脚 SCLK 由 0→1，写入数据到 DS1302；时钟输入引脚 SCLK 由 1→0，从 DS1302 中读出数据。

复位引脚 RST/：值为 0 时，禁止 DS1302 的数据传输；复位引脚 RST/由 0→1，启动 DS1302 的数据传输。

DS1302 应用中主要的操作过程描述如下：

(1) DS1302 读操作过程。

如读 DS1302 中的秒数据，方法如下：

```
Write1302(0x8E)                          //写允许写命令字
Write1302(0x81)                          //写读秒命令字
X = Read1302()                           //读秒数据
```

完整的读操作代码如下：

```
unsigned char Read1302(void)             //从 DS1302 读一个 8 位的字节数据
{
unsigned char i,dat;
delaynus(2);                             //稍微等待,使硬件做好准备
for(i = 0;i < 8;i++)                     //连续读 8 个二进制位数据
  {
    dat >> = 1;                          //将 dat 的各数据位右移 1 位,因为先读出的是字节
                                         //的最低位
    if(DATA == 1)                        //如果读出的数据是 1
      dat| = 0x80;                       //将 1 取出,写在 dat 的最高位
      SCLK = 1;                          //将 SCLK 置于高电平
      delaynus(2);                       //稍微等待
      SCLK = 0;                          //拉低 SCLK,形成脉冲下降沿,即 SCLK 由 1→0 时读
                                         //出数据
      delaynus(2);                       //稍微等待
  }
return dat;                              //返回读出的数据
}
```

(2) DS1302 写操作流程。

如写 DS1302 中的秒数据(设置秒的值)，方法如下：

```
Write1302(0x8E)                          //写"允许写命令字"
Write1302(0x80)                          //写"写秒命令字"
Write1302(data)                          //将数据写入 DS1302
```

完整的写操作代码如下：

```
void Write1302(unsigned char dat)        //向 DS1302 写一个 8 位的字节数据
{
 unsigned char i;
 SCLK = 0;                               //拉低 SCLK,为脉冲上升沿写入数据做好准备
 delaynus(2);                            //稍微等待,使硬件做好准备
 for(i = 0;i < 8;i++)                    //连续写 8 个二进制位数据
```

```
 {
    DATA = dat&0x01;                      //取出 dat 的第 0 位数据写入 DS1302
    delaynus(2);                          //稍微等待,使硬件做好准备
    SCLK = 1;                             // SCLK 由 0→1 时上升沿写入数据
    delaynus(2);                          //稍微等待,使硬件做好准备
    SCLK = 0;                             //重新拉低 SCLK,形成脉冲
    dat >> = 1;                           //将 dat 的各数据位右移 1 位,准备写入下一个数据位
  }
}
```

(3) 从 DS1302 读取一个字节数据。

```
unsigned char  ReadSet1302(unsigned char Cmd)
//根据命令字,从 DS1302 读取一个 8 位的字节数据,比如读时钟寄存器
 {
 unsigned char dat;
 RST = 0;                                 //拉低 RST
 SCLK = 0;                                //确保写数据前 SCLK 被拉低
 RST = 1;                                 //启动数据传输
 Write1302(Cmd);                          //写入命令字, 函数中 SCLK 由 1→0 时读取数据
 dat = Read1302();                        //读出数据, 函数中 SCLK 由 1→0 时读取数据
 SCLK = 1;                                //将时钟电平置于 1
 RST = 0;                                 //禁止数据传递
 return dat;                              //返回读出的数据
 }
```

(4) 向 DS1302 写一个字节数据。

```
void WriteSet1302(unsigned char Cmd,unsigned char dat)
//根据命令字,向 DS1302 写一个 8 位的字节数据,比如写命令字、写时钟寄存器都是写入数据操作
//参数: Cmd 保存命令字; dat 保存待写的数据或命令字
{
    RST = 0;                              //禁止数据传递
    SCLK = 0;                             //确保写数居前 SCLK 被拉低
    RST = 1;                              //启动数据传输
    delaynus(2);                          //稍微等待,使硬件做好准备
    Write1302(Cmd);                       //写入命令字,即选择寄存器.
    Write1302(dat);                       //当 SCLK 由 0→1 时写入数据
    SCLK = 1;                             //将时钟电平置于 1
    RST = 0;                              //禁止数据传递
}
```

(5) DS1302 初始化操作。

在初始化 DS1302 过程中,当初始写入时分秒寄存器数据时,要将数据转换为 BCD 码。而写入命令字的时候,不要将数据转换为 BCD 码,所以写字节函数中,不能统一增加数据转换为 BCD 码的功能。

另外,DS1302 内部有 7 个寄存器与日历、时钟相关,其存放的数据为 BCD 码形式。微控制器读取日历、时钟相关的数据之后要进行数据转换,即将 BCD 转换为十进制。

DS1302 初始化程序如下所示:

```
void Init_DS1302(void)
{
  WriteSet1302(0x8E,0x00);                          //根据写状态寄存器命令字,写入不保护指令
  WriteSet1302(0x80,((0/10)<<4|(0%10)));            //根据写秒寄存器命令字,写入秒的初始值
  //将十进制的初始值转换为 BCD 码, 0 /10 得到高 4 位后再左移 4 位,0%10 是低 4 位
  WriteSet1302(0x82,((0/10)<<4|(0%10)));            //根据写分寄存器命令字,写入分的初始值
  WriteSet1302(0x84,((12/10)<<4|(12%10)));          //根据写小时寄存器命令字,写入小时的初始值
  WriteSet1302(0x86,((16/10)<<4|(16%10)));          //根据写日寄存器命令字,写入日的初始值
  WriteSet1302(0x88,((11/10)<<4|(11%10)));          //根据写月寄存器命令字,写入月的初始值
  WriteSet1302(0x8c,((8/10)<<4|(8%10)));            //根据写小时寄存器命令字,写入小时的初始值
}
```

本例在 DS1302 的属性中设置自动根据 PC 的时间初始化,可以不需要在驱动程序中设置 DS1302 的初始化日历时钟初值。微控制器从 DS1302 内部读取的日历时钟数据值是 BCD 码,需要转换为十进制后方便显示,转换方法如下述代码所示:

```
ReadValue = ReadSet1302(0x81);                       //从秒寄存器读数据
second = ((ReadValue&0x70)>>4) * 10 + (ReadValue&0x0F);
//将读出数据转化为十进制
//显示秒数据,秒数据只有 7 位 ,高 3 位除以 16 再乘 10,加上低 4 位即可
```

(6) 日历时钟数据在 LCD1602 显示代码。

例如,年份数据显示代码如下:

```
year = ReadSet1302(0x8D);                            //从秒寄存器读数据,已经转换为十进制了
i = year/10 + 0x30;                                  //取十位值,并加 30H 转换为 ASCII 码送 LCD 显示
j = year % 10 + 0x30;                                //取个位值,并加 30H 转为 ASCII 码送 LCD 显示
ShowString(5,0,&i);                                  //不是字符串,不能直接显示,加取地址符号 & 即可
ShowString(6,0,&j);
ShowString(7,0, '-');
```

8.4.5 案例应用程序

参考程序如下所示:

```
#include <reg51.h>
#include <intrins.h>                                 //包含_nop_()函数定义的头文件
#define uchar unsigned char
#define uint unsigned int
sbit DATA = P2^1;                                    // DS1302 芯片数据输出端定义在 P2.1 引脚
sbit RST = P2^2;                                     //DS1302 芯片复位端口定义在 P2.2 引脚
sbit SCLK = P2^0;                                    //DS1302 芯片时钟输出端口定义在 P2.0 引脚
uchar code  c1[] = {"date            "};
uchar code  t1[] = {"time            "};
//延时 n 微秒
void delaynus(unsigned char n)
{
  unsigned char i;
  for(i = 0;i < n;i++);
}
```

```
//向 DS1302 写一个字节数据
void Write1302(unsigned char dat)
{
  unsigned char i;
  SCLK = 0;                    //拉低 SCLK,为脉冲上升沿写入数据做好准备
  delaynus(2);                 //稍微等待,使硬件做好准备
  for(i = 0;i < 8;i++)         //连续写 8 个二进制位数据
  {
      DATA = dat&0x01;         //取出 dat 的第 0 位数据写入 DS1302
      delaynus(2);             //稍微等待,使硬件做好准备
      SCLK = 1;                //上升沿写入数据
      delaynus(2);             //稍微等待,使硬件做好准备
      SCLK = 0;                //重新拉低 SCLK,形成脉冲
      dat >> = 1;              //将 dat 的各数据位右移 1 位,准备写入下一个数据位
    }
}

//根据命令字,向 DS1302 写一个字节数据
//参数: Cmd 是命令字; dat 是待写的数据
void WriteSet1302(unsigned char Cmd,unsigned char dat)
  {
      RST = 0;                 //禁止数据传递
      SCLK = 0;                //确保写数据前 SCLK 被拉低
      RST = 1;                 //启动数据传输
      delaynus(2);             //稍微等待,使硬件做好准备
      Write1302(Cmd);          //写入命令字
      Write1302(dat);          //写数据
      SCLK = 1;                //将时钟电平置于 1
      RST = 0;                 //禁止数据传递
  }

//从 DS1302 读一个字节数据
unsigned char Read1302(void)
{
  unsigned char i,dat,dat2;
  delaynus(2);                 //稍微等待,使硬件做好准备
  for(i = 0;i < 8;i++)         //连续读 8 个二进制位数据
    {
        dat >> = 1;            //将 dat 的各数据位右移 1 位,因为先读出的是字节的最低位
        if(DATA == 1)          //如果读出的数据是 1
        dat| = 0x80;           //将 1 取出,写在 dat 的最高位
        SCLK = 1;              //将 SCLK 置于高电平
        delaynus(2);           //稍微等待
        SCLK = 0;              //拉低 SCLK,形成脉冲下降沿
        delaynus(2);           //稍微等待
    }
    dat2 = ((dat&0x70)>> 4) * 10 + (dat&0x0F);
    //将读出数据转化, 即 BCD 码转换为十进制
    //年数据范围是 00~99,月数据范围是 0~12,日数据范围是 1~31,分、秒数据范围是 00~59
  return dat2;                 //返回读出的数据
}
```

```
//根据命令字,从 DS1302 读取一个字节数据
unsigned char  ReadSet1302(unsigned char Cmd)
  {
    unsigned char dat;
    RST = 0;                    //拉低 RST
    SCLK = 0;                   //确保写数据前 SCLK 被拉低
    RST = 1;                    //启动数据传输
    Write1302(Cmd);             //写入命令字
    dat = Read1302();           //读出数据
    SCLK = 1;                   //将时钟电平置于已知状态
    RST = 0;                    //禁止数据传递
    return dat;                 //返回读出的数据
}

// LCD1602 的显示驱动程序
void Initialize_LCD();
void ShowString(uchar,uchar,uchar * );
sbit RS = P2^0;
sbit RW = P2^1;
sbit EN = P2^2;

void Delayms(uint ms)
{
    uchar i;
    while(ms -- )
    {
        for(i = 0;i < 30;i++);
    }
}

uchar Busy_Check()
{
    uchar LCD_Status;
    RS = 0;
    RW = 1;
    EN = 1;
    Delayms(1);
    LCD_Status = P0;
    EN = 0;
    return LCD_Status;
}

//写命令
void Write_LCD_Command(uchar cmd)
{
    while((Busy_Check()&0x80) == 0x80);
    RS = 0;
    RW = 0;
    EN = 0;
```

```
    P0 = cmd;
    EN = 1;
    Delayms(1);
    EN = 0;
}

//写数据
void Write_LCD_Data(uchar dat)
{
    while((Busy_Check()&0x80) == 0x80);
    RS = 1;
    RW = 0;
    EN = 0;
    P0 = dat;
    EN = 1;
    Delayms(1);
    EN = 0;
}

//LCD1602 的初始化
void Initialize_LCD()
{
    Write_LCD_Command(0x38);
    Delayms(1);
    Write_LCD_Command(0x0c);
    Delayms(1);
    Write_LCD_Command(0x06);
    Delayms(1);
    Write_LCD_Command(0x01);
    Delayms(1);
}

// LCD1602 上显示字符串
void ShowString(uchar x,uchar y,uchar * str)
{
    uchar i = 0;
    if(y == 0)
    Write_LCD_Command(0x80|x);              //写地址命令
    if(y == 1)
    Write_LCD_Command(0xc0|x);

    while( * str!= "\\0")
    {
        Write_LCD_Data( * str);             //使用时 * str 是元素值
        str++;                              //使用时 str 是地址
    }
}

void main(void)                             //DS1302 日历、时钟数据的显示代码
{
  uchar second,minute,hour,day,month,year;  //秒、分、小时、日、月、年的存储变量
```

```
    uchar i,j;
    Initialize_LCD();
    ShowString(0,0,c1);                //显示 date
    //LCD1602 显示一个字符串,第 1 行第 0 列开始,x = 列值(0 ～15)、y = 行值 (0 或 1)
    ShowString(0,1,t1);                //显示 time
    while(1)
      {
          year = ReadSet1302(0x8D);    //从年寄存器读数据,注意数据已经转换为十进制了
          i = year/10 + 0x30;          //取十位值,并加 30H 转为 ASCII 码再送 LCD 显示
          j = year % 10 + 0x30;        //取个位,并加 30H 转为 ASCII 码再送 LCD 显示
          ShowString(5,0,&i);          //second 不是字符串,不能直接显示,加取地址符号 & 就行
          ShowString(6,0,&j);          //second 不是字符串,不能直接显示,加取地址符号 & 就行
          ShowString(7,0,"-");
          month = ReadSet1302(0x89);   //从月寄存器读数据,注意数据已经转换为十进制了
          i = month/10 + 0x30;         //取十位,并加 30H 转为 ASCII 码再送 LCD 显示
          j = month % 10 + 0x30;       //取个位,并加 30H 转为 ASCII 码再送 LCD 显示
          ShowString(8,0,&i);          //不是字符串,不能直接显示,加取地址符号 & 就行
          ShowString(9,0,&j);
          ShowString(10,0,"-");
          day = ReadSet1302(0x87);     //从日寄存器读数据
          i = day/10 + 0x30;           //取十位,并加 30H 转为 ASCII 码再送 LCD 显示
          j = day % 10 + 0x30;         //取个位,并加 30H 转为 ASCII 码再送 LCD 显示
          ShowString(11,0,&i);         //不是字符串不能直接显示,加取地址符号 & 就行
          ShowString(12,0,&j);
          hour = ReadSet1302(0x85);    //从时寄存器读数据
          i = hour/10 + 0x30;          //取十位
          j = hour % 10 + 0x30;        //取个位
          ShowString(5,1,&i);
          ShowString(6,1,&j);
          ShowString(7,1,"-");
          minute = ReadSet1302(0x83);  //从分寄存器读数据
          i = minute/10 + 0x30;        //取十位
          j = minute % 10 + 0x30;      //取个位
          ShowString(8,1,&i);
          ShowString(9,1,&j);
          ShowString(10,1,"-");
          second = ReadSet1302(0x81);  //从秒寄存器读数据
          i = second/10 + 0x30;        //取十位
          j = second % 10 + 0x30;      //取个位
          ShowString(11,1,&i);
          ShowString(12,1,&j);
          Delayms(2000);               //延时 2000ms = 2s 再重新读时钟显示,不闪烁
      }
}
```

8.5 步进电机控制

8.5.1 案例概述

通过 80C51 系列微控制器的 I/O 接口控制步进电机的正向、反向转动。

8.5.2　要求

（1）掌握步进电机的硬件结构原理、工作方式和应用编程；
（2）掌握步进电机的正向和反向转动驱动程序的编写。

8.5.3　知识点

步进电机的内部硬件结构、工作原理、正向和反向转动驱动程序设计。

8.5.4　原理

1. 步进电机结构

步进电机由定子、转子和定子绕组组成。常用的角位移步进电机是一种将电脉冲转化为角位移的设备。通过控制驱动脉冲的个数来控制角位量，实现电机的准确转动角度。

以四相步进电机为例，四相是指步进电机中有四组线圈，即电机有四相定子绕组 A、B、C 和 D。如果四相定子绕组按照 A-B-C-D 顺序循环通电时，转子就会按顺时针方向以步进角度进行转动。如果改变通定子绕组电通电次序，按照 A-C-B-A 顺序循环通电，则转子按照逆时针方向，固定角度位移进行转动。

步进电机的速度控制方法：如果给步进电机发一个控制脉冲，它就转一步（步进角）。再发一个脉冲，它会再转一步。两个脉冲的间隔越短，步进电机就转得越快。调整送给步进电机的脉冲频率，可以对步进电机进行调试。电机的步进角由步进电机规范确定。

综上所述，步进电动机的转动方向取决于定子绕组通电的顺序。步进电机的转动速度取决于驱动脉冲方波的频率。

2. 励磁方式

在步进电机运行过程中，直流电流通过电子线圈建立磁场的过程称为励磁。如果要控制直流电机旋转，需按照一定的顺序对各相线圈进行励磁。四相步进电机的励磁方式分为 3 种：一相励磁、二相励磁、1-2 相励磁。比如，二相励磁就是步进电机控制中每一种励磁状态都有两相绕组励磁。3 种方式的励磁信号如下：

1）一相励磁

一相励磁也叫单四拍，其特点是精度好、功耗小，但输出转矩小、振动较大。步距角等于电机标称的步距角。正转励磁序列：A→B→C→D，反转励磁序列：D→C→B→A。

2）二相励磁顺序

二相励磁也叫双四拍，其特点是输出转矩大、振动小，但功耗大。步距角等于电机标称的步距角。本案例采用四相电机，励磁方式采用二相励磁。正转励磁序列：AB→BC→CD→DA→AB。反转励磁序列：AB→DA→CD→BC→AB。

3）1-2 相励磁

1-2 相励磁也叫八拍，特点是分辨率高，运转平滑。步距角为电机标称的 1/2。正转励磁序列：A→AB→B→BC→C→CD→D→DA。反转励磁序列：AD→D→CD→C→BC→B→

AB→A。

3. 控制电路

在实际情况中，微控制器是不能直接拖动步进电机的，需用 ULN2003 这样的元件驱动，控制原理图如图 8-14 所示。

ULN2003 是大电流驱动阵列，多用于微控制器、智能仪表、PLC、数字量输出卡等控制电路中。ULN2003 可直接驱动继电器等负载。将两支晶体管适当地连接在一起，组成一个等效的新的晶体管，新晶体管的放大倍数是两个晶体管放大倍数的积。常常用于驱动需要较大驱动电流的设备。

ULN2003A 是一个 7 路反向器电路，即当输入端为高电平时 ULN2003A 输出端为低电平，当输入端为低电平时 ULN2003A 输出端为高阻态。由于 ULN2003A 是集电极开路输出，为了让这个二极管起到续流作用，必须将 COM 引脚接在负载的供电电源上，只有这样才能够形成续流回路。也可以作为一些元件，如步进电机的驱动电路。

本案例使用达林顿管芯片 ULN2003A 控制步进电机的工作。ULN2003A 的引脚为：1B～7B 是输入引脚，1C～7C 是输出引脚，COM 为电源正输入引脚。

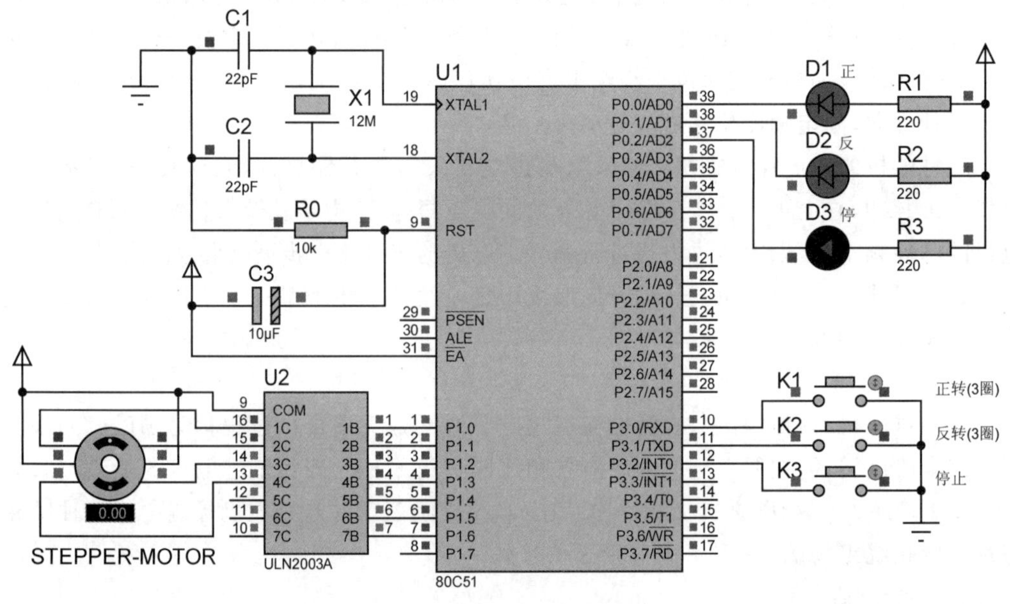

图 8-14 步进电机接口电路

微控制器使用 P2 口连接 ULN2003A 的 1B～7B 输入引脚，ULN2003A 的输出 1C～7C 控制电机的定子绕组的电流信号。

8.5.5 案例应用程序

在 Proteus 中，步进电机的属性设置如下：可以设置步进电机的工作电压、最大转速、步进角度（步进电机每次步进所转动的角度）、线圈电阻和线圈电感，如图 8-15 所示。

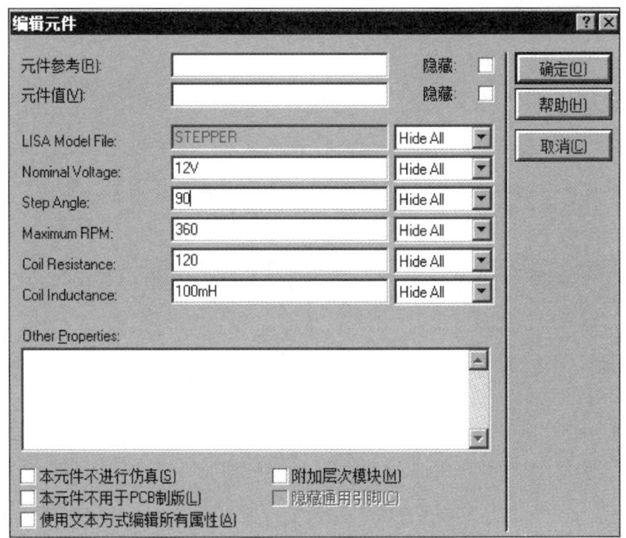

图 8-15　步进电机属性设置

1. 双四拍的励磁方式

```
#include <reg51.h>
void delay (unsigned int n)                    //由 n 参数确定延迟时间
{
  unsigned int i;
  for(;n>0; n--)
  for(i=0;i<120;i++);
}
void main()
{
  while(1)
  {
      P1 = 0x09;
      delay (200);
      P1 = 0x0C;
      delay (200);
      P1 = 0x06;
      delay (200);
      P1 = 0x03;
      delay (200);
   }
}
```

按照步进电机的励磁序列给电机 4 个定子绕组发送控制码，让相应的绕组通电。首先从步进电机接口 P1 输出正转初始控制码 0x03，步进电机固定旋转一个步进角，然后按励磁序列从 P1 口输出控制码 0x06、0x0c、0x09，循环依次输出励磁信号，就可以控制电机正转。注意，在每个控制码之间延时一段时间，delay 时间的长短决定了步进电机的旋转速度。

2. 八拍励磁方式的代码

```
#include "reg51.h"
void DELAY();
main()
{
    while(1)
    {
        P1 = 0x08;                      //A 开始正转
        DELAY();
        P1 = 0x0C;                      //AB
        DELAY();
        P1 = 0x04;                      //B
        DELAY();
        P1 = 0x06;                      //BC
        DELAY();
        P1 = 0x02;                      //C
        DELAY();
        P1 = 0x03;                      //CD
        DELAY();
        P1 = 0x01;                      //D
        DELAY();
        P1 = 0x09;                      //DA
        DELAY();
        P1 = 0x09;                      //AD 开始反转
        DELAY();
        P1 = 0x08;                      //D
        DELAY();
        P1 = 0x0C;                      //CD
        DELAY();
        P1 = 0x04;                      //C
        DELAY();
        P1 = 0x06;                      //BC
        DELAY();
        P1 = 0x02;                      //B
        DELAY();
        P1 = 0x03;                      //AB
        DELAY();
        P1 = 0x01;                      //A
        DELAY();
    }
}

void DELAY()
{
  int i,j;
    for(i = 0;i < 240;i++)
      for(j = 0;j < 200;j++);
}
```

8.6 电梯仿真控制系统

8.6.1 案例概述

本系统是一个基于 AT89C51 单片机的智能电梯仿真监控系统，功能包括电梯的基本运行控制，如电梯内、外乘客的按键操作，电梯上、下行电机运转控制，上、下行楼层显示，上、下行指示灯控制，电梯灯光光敏感应控制，电梯内风扇人体感应控制等功能。具体如下：

(1) 乘客在电梯内、外进行上/下行按键操作，驱动电梯上/下行运行。同时实现上/下行楼层显示、上/下行指示灯控制。起始状态时，电梯停留在 1 楼，显示屏显示数字 1。乘客在电梯内外进行上/下行按键操作，驱动电梯上/下行运行。若预到达楼层比当前的楼层要高一些，显示运行经过的每一楼层的号码，在显示相邻楼层号码过程中显示上行箭头标志。反之，显示运行经过每一楼层的号码，在显示相邻楼层号码过程中显示下行箭头标志。

(2) 电梯上/下行电机正向或反向运转控制功能。电梯经过每一层则电机运转 1 圈(360°)。

(3) 乘客进入电梯后自动开启抽风风扇，电梯内无人后风扇自动停止工作。

8.6.2 要求

掌握电机运转控制原理和驱动程序设计方法、掌握电梯内外按键控制技术及实现方法；掌握电梯运行时的方向标志显示控制方法；

8.6.3 知识点

(1) 步进电机的硬件基本结构、工作原理、正反转驱动控制方式；

(2) 电梯内外的按键控制原理；

(3) 电梯内外运行方向显示实现原理；

(4) 8255A 并口扩展接口技术；

(5) 电机的单四拍、八拍励磁驱动程序设计；

(6) 人体红外热释电传感器 HC-SR501 的模拟程序。

8.6.4 原理

1. 关键技术实现

(1) 使用基于 AT89C51 单片机作为控制器、通过使用 8255A 并口扩展接口技术进行外设接口引脚的扩展和相应的控制程序开发。

(2) 电梯上/下行电机运转控制功能，通过四相步进电机的单四拍励磁驱动方式实现电梯上下运动控制。通过数码管显示电梯楼层号，采用 12 个 LED 灯实现电梯上/下行箭头显示。

(3) 通过人体红外热释电传感器 HC-SR501 的模拟实现电梯风扇自动开关功能。

2. 系统软硬件总体设计

电梯仿真控制系统硬件结构如图 8-16 所示。

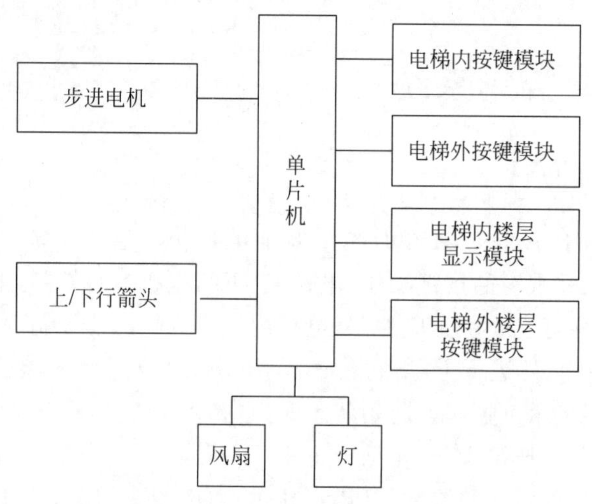

图 8-16 电梯控制硬件结构图

本系统主要包括 8051 系列单片机、8255A 并口扩展接口技术、电机的单四拍励磁驱动程序设计、人体红外热释电传感器 HC-SR501 的模拟程序和风扇感应驱动程序。电梯仿真控制系统软件结构如图 8-17 所示。

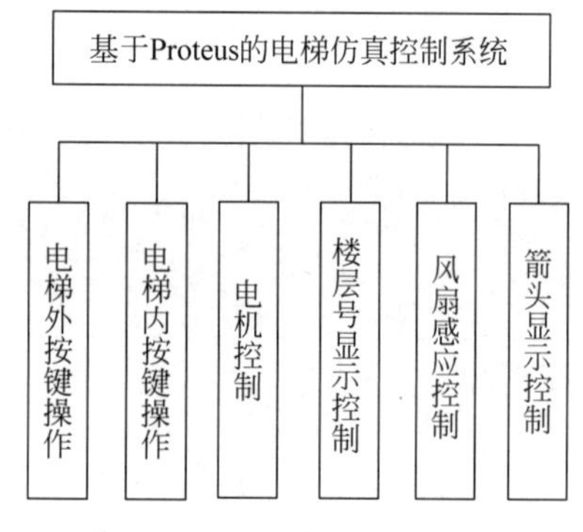

图 8-17 电梯控制软件结构图

本系统能够根据乘客的电梯内、外的按键操作,以动态方式模拟电梯上下楼的过程和相关的显示控制效果。电梯仿真控制的过程分为电梯内和电梯外操作控制,下面进行具体功能介绍。

电梯内的按键操作:

(1) 起始状态时,电梯停留在 1 楼,显示屏显示数字 1。

(2) 乘客在电梯内按下楼层号按键后再按下启动键,乘客等待电梯开始运行。

(3) 乘客进入电梯内后由人体红外感应元件控制风扇开启或停止。

(4) 电梯运行过程中,每经过一个楼层显示该层的楼层号。电梯运行过程中依据向上或向下控制指示箭头显示。

电梯外的按键操作:

(1) 乘客通过每层电梯外的按键使用电梯,电梯到达该层后,乘客进入电梯。

(2) 电梯运行过程中,每经过一个楼层就在电梯外显示该层的楼层号。

电梯仿真控制软件总体流程图如图 8-18 所示。

3. 关键模块设计

1) 微控制器接口扩展

本案例的控制核心 8051 微控制器的 I/O 引脚一共 32 个,数量有限。而案例中的外部模块较多,它们与微控制器连接需要的 I/O 引脚数量较多。因此需要通过对微控制器的 I/O 接口进行扩展。案例采用 8255A 芯片来扩展更多的 I/O 引脚,具体如图 8-19 所示。

微控制器通过一片锁存器 74LS373 连接 P0 口和 8255A 芯片,从而实现一个 8 位并口

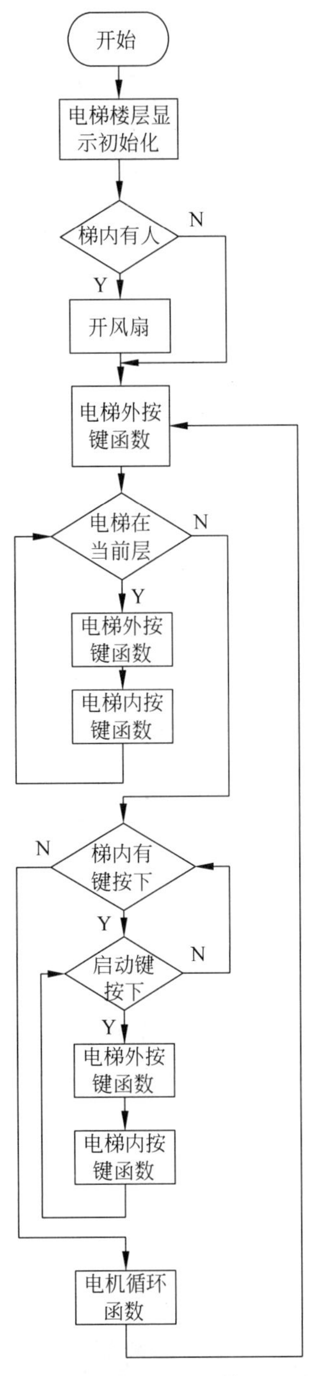

图 8-18 电梯控制总体流程图

扩展为 3 个 8 位并口。8255A 作为微控制器的外部 RAM 设备，可以为 8255A 设置外部 RAM 地址，其内部 4 个寄存器可定义 4 个地址。本例中 8255A 的外部 RAM 地址访问采用绝对宏 XBYTE 实现。4 个端口地址依次定义为：

```
#define PA XBYTE[0x7ffc]          //8255A 的 A 口地址
#define PB XBYTE[0x7ffd]          //8255A 的 B 口地址
```

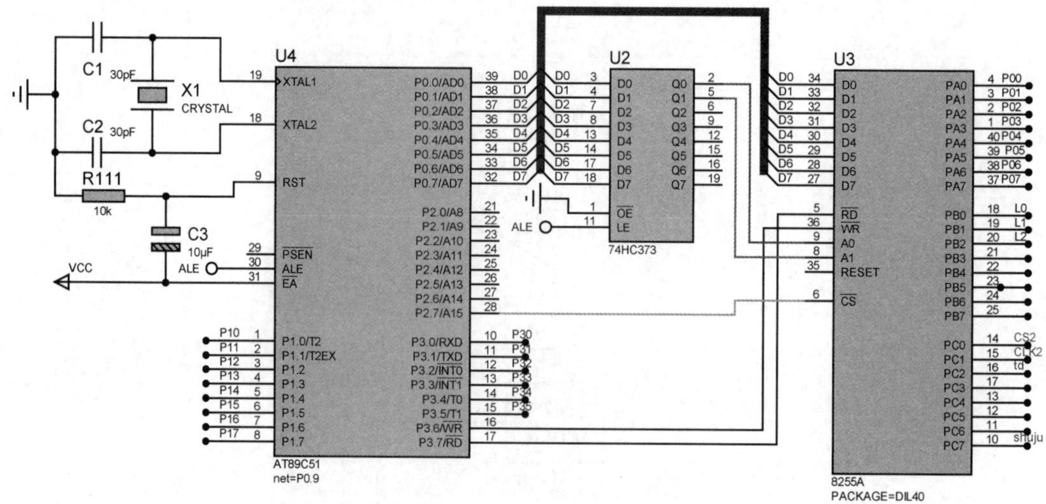

图 8-19 微控制器接口扩展图

```
#define PC XBYTE[0x7ffe]          // 8255A 的 C 口地址
#define control XBYTE[0x7fff]     // 8255A 的控制口地址
```

微控制器通过 P0 口控制双向缓冲锁存器 74LS373 来驱动 8255A，即通过 74LS373 向 8255A 发送地址信号，P0 口输出数据信号直接输出到 8255A 的数据输入端 D0～D7。微控制器分别选中 8255A 的某一个输出口工作，再通过此输出口输出数据控制外设。微控制器的读、写控制信号 $\overline{\text{RD}}$ 和 $\overline{\text{WR}}$ 分别连接 8255A 的 $\overline{\text{RD}}$ 和 $\overline{\text{WR}}$ 引脚。74LS373 的输出 Q0、Q1 分别连接 8255A 的地址输入端 A0、A1 引脚。微控制器通过引脚 P2.5 控制 8255A 的片选信号引脚 $\overline{\text{CS}}$。

2）电梯内按键模块设计

乘客通过电梯内的按键选择目标楼层，控制电梯向上或下运行。电梯内的按键操作如下：

（1）起始状态时，电梯停留在 1 楼，数码管显示屏显示数字 1。

（2）乘客在电梯内先按下楼层号按键，再按下启动键，然后等待电梯开始运行。如按下 2 号键，再按下启动键，电梯开始向上运行，并停留在 2 楼，数码管显示 2。

（3）乘客进入电梯内后，系统通过人体红外感应控制风扇开启或停止。

（4）电梯运行过程中，每经过一个楼层显示该层的楼层号。电梯运行过程中依据向上或向下控制上下指示箭头显示。

模块硬件结构图如图 8-20 所示。

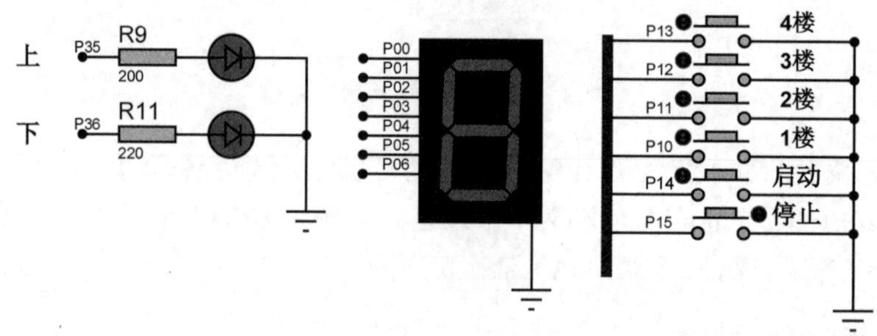

图 8-20 电梯内按键模块电路图

电梯内按键控制程序流程图如图 8-21 所示。

乘客在电梯内按下楼层号按键，程序通过判断返回电梯是否停留在当前层的标志值和目标楼层号。

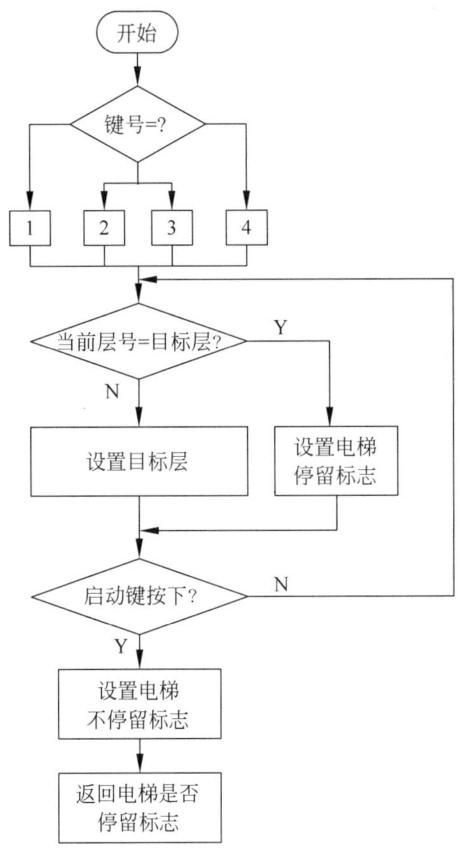

图 8-21　电梯内按键控制流程图

3）电梯外按键及显示模块

电梯外的每一楼层的乘客可以通过按键来请求电梯的相应目标楼层，电梯到达该楼层后乘客进入电梯，然后通过电梯内的按键进行目标楼层请求，控制电梯向上或下运行。模块硬件结构如图 8-22 所示，电梯外按键函数流程图如图 8-23 所示。

电梯外按钮如果被按下，则通过程序设置电梯上/下行标志位 FORREV 以及电梯是否停留在当前层标志位 STOPCUR 的值，结果被电机循环函数使用，控制电梯上行还是下行。

4）电梯电机运转控制模块

案例采用步进电机驱动电梯运转。模块硬件结构如图 8-24 所示。

步进电机的速度控制方法是给步进电机发一个控制脉冲，它就转一个步进角。再发一个脉冲，它会再转一个步进角。两个脉冲的间隔越短，步进电机转得就越快。调整送给步进电机的脉冲频率，就可以对步进电机进行调试。步进电动机的转动方向取决于定子绕组通电的顺序。步进电机的转动速度取决于驱动脉冲方波的频率。

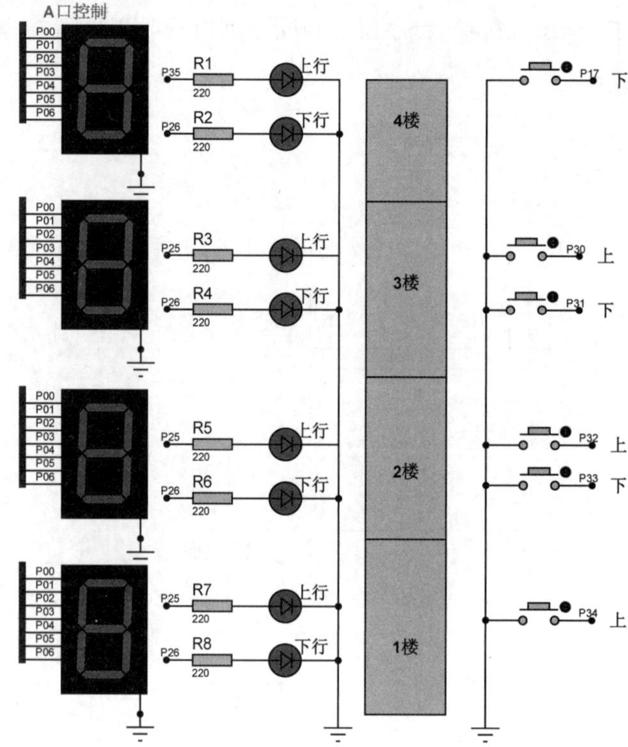

图 8-22　电梯外按键控制电路图

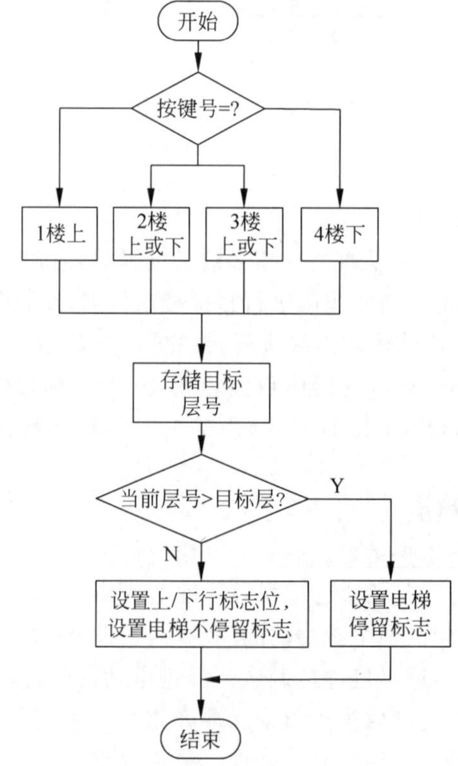

图 8-23　电梯外按键控制流程图

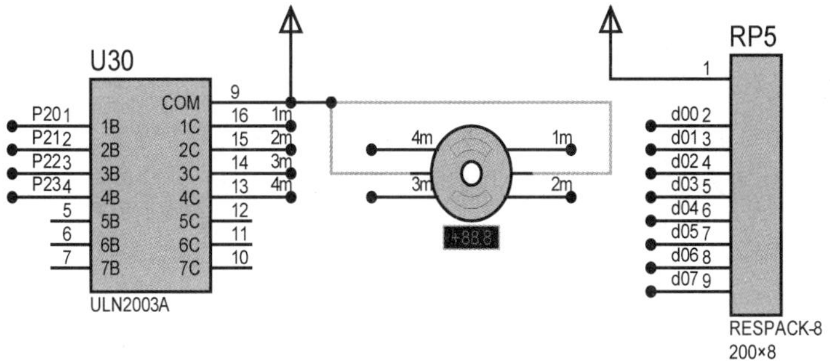

图 8-24 电机运转控制电路图

电机运转循环由电梯外和电梯内按键函数的结果控制电机运行，从而控制电梯运行方向。系统使用四相电机驱动电梯，电机驱动的励磁方式采用单四拍方式。电机步进角为90°，即给步进电机发一拍控制脉冲，它就转90°。程序流程图如图8-25所示。

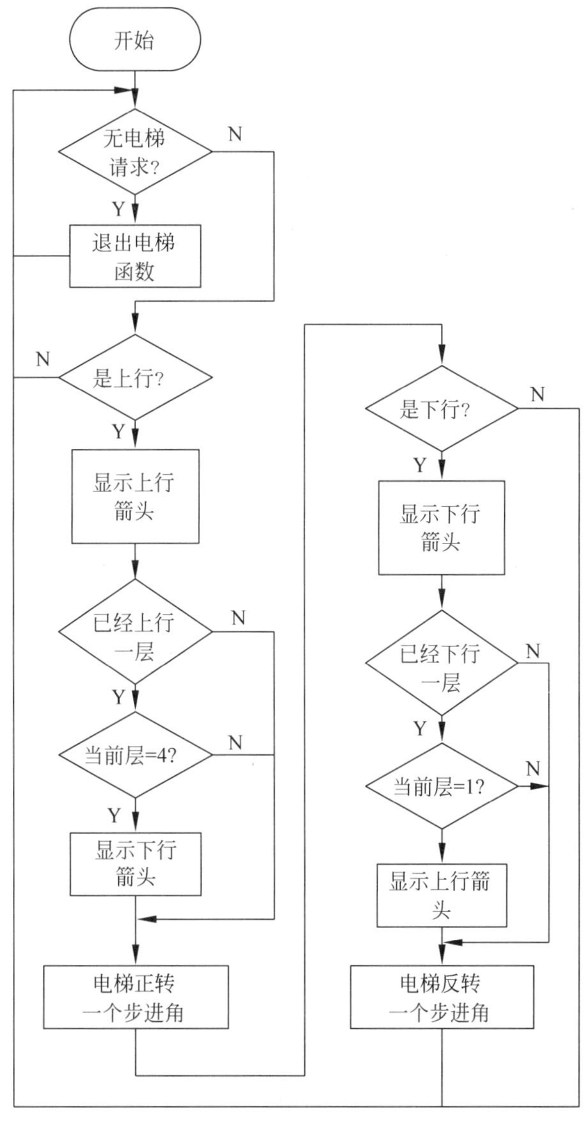

图 8-25 电机运转控制流程图

电机运转循环程序由电梯外模块函数 outPress()的返回值 FORREV、STOPCUR 和电梯内按键函数的返回值 STOPCUR、UP_req[]、DOWN_req[]、flag 控制电梯电机的正反转运行方向,以控制电梯上下行方向。电机运转循环函数中,每执行一次函数体,修改 P2 的值一次,P2 的值即电机励磁驱动信号,控制电机转一个步进角。电机励磁信号代码如下:

```
OUTPUT = MOTOR1[m];
m++;
if(m > 3){m = 0;}
```

在电机循环中,elevator()每执行一次,count 加 1,并且电机励磁信号改变一次,控制电机转一个步进角。count 变量起到控制电梯上下一层楼需要电机转动的步进角次数,也即电机励磁信号 P2 改变的次数。当 elevator()执行 8 次后,当前楼层号 CURFLR 加 1 或减 1,表示楼层号改变。同时电机励磁信号改变 8 次,控制电机转 8 个步进角,即电梯上下一层楼需要电机转 720°,即 2 圈。

elevator()函数的功能是判断是否到达某一层,是则返回 1,否则返回 0。另外还包括楼层方向箭头显示、楼层号显示、乘客电梯请求清零、电机停止、确定接下去电机运行的方向。elevator()函数通过设置变量 STOPCUR(是否停留在当前层标志),当前层变量 CURFLR,确定接下去电机方向。

5) 电梯上/下行箭头和楼层号显示模块

乘客在电梯内、外进行上/下行按键操作,驱动电梯上/下行运行。同时实现上/下行楼层显示、上/下行指示灯控制。上/下行指示灯模块硬件结构图如图 8-26 所示。

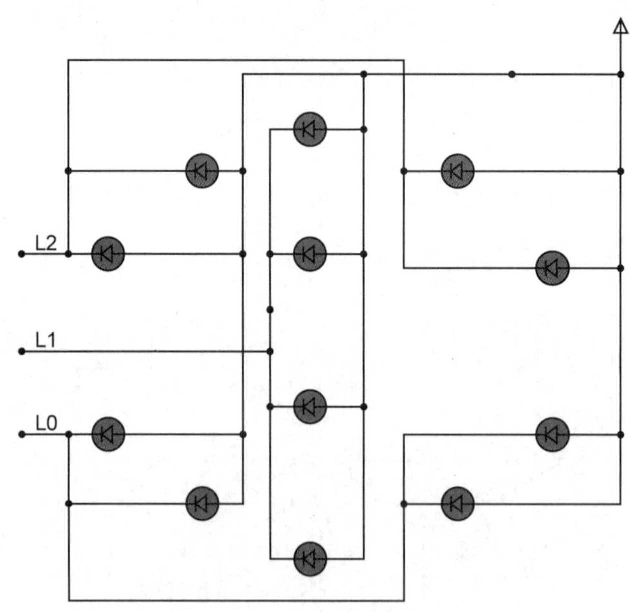

图 8-26 上/下行指示灯模块电路图

微控制器通过 8255A 的 B 口引脚 PB0、PB1、PB2 控制 12 盏 LED 灯。通过 PB 的最低 3 位的值状态控制实现上下箭头。代码如下所示:

```
PB = 11111100;                    //显示向下箭头
```

```
PB = 11111001;                    //显示向上箭头
```

程序流程图如 8-27 所示。

上/下行楼层号显示模块硬件结构图如图 8-28 所示。

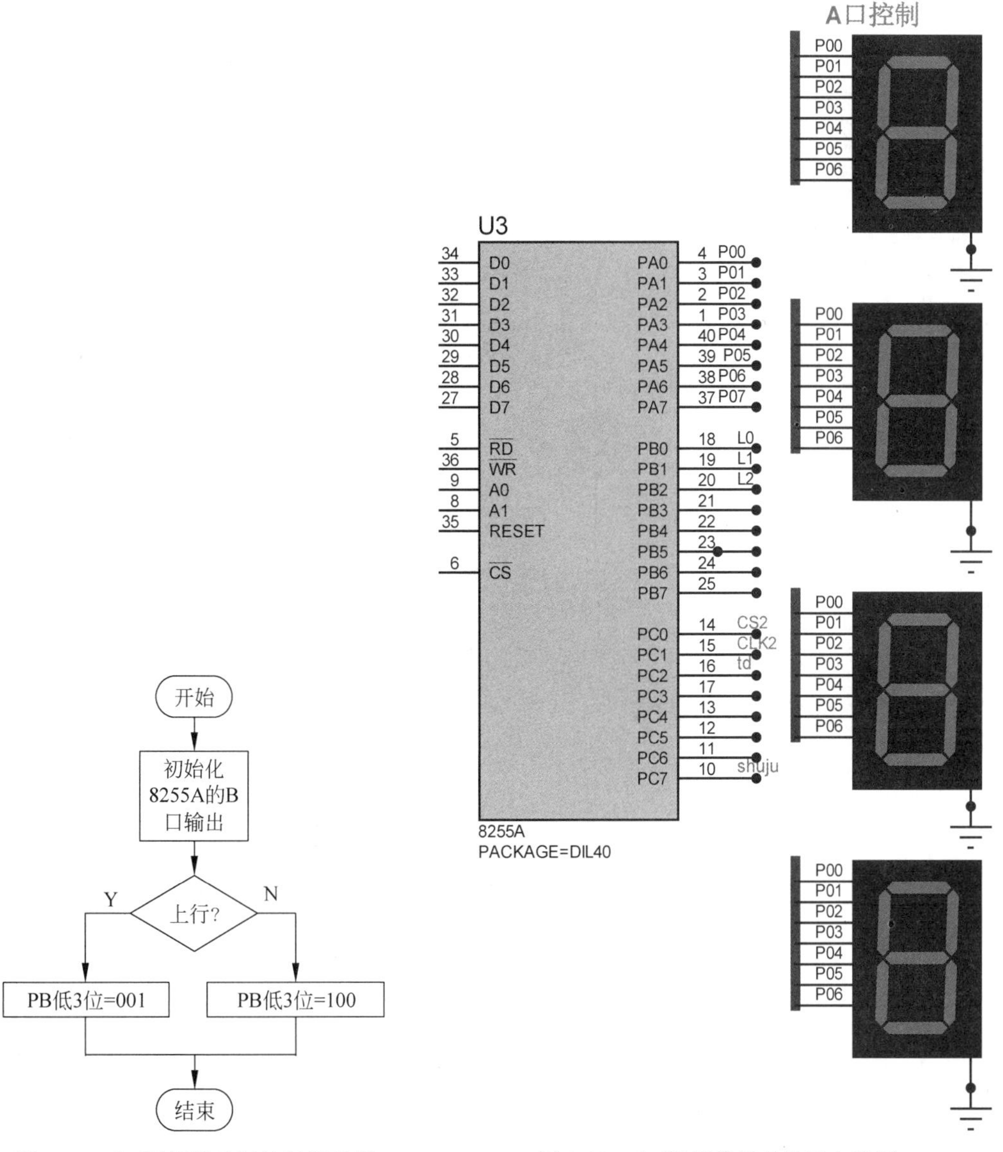

图 8-27　上/下行指示灯控制流程图

图 8-28　上/下行楼层号显示电路图

微控制器通过 8255A 的 A 口的 8 个引脚控制每一层的数码管。通过 PA 口的状态控制楼层号的数据值。实现方法如下所示：

```
PA = 0x06;break;                  //显示 1 楼
PA = 0x5b;break;                  //显示 2 楼
```

上/下行楼层号显示程序流程图如图 8-29 所示。

6）电梯风扇模块

乘客进入电梯后，电梯内通过模拟人体红外热释电传感器实现人体感应，自动开启风扇，电梯内无人后风扇自动停止工作。模块硬件结构图如图 8-30 所示。

风扇控制程序流程图如图 8-31 所示。

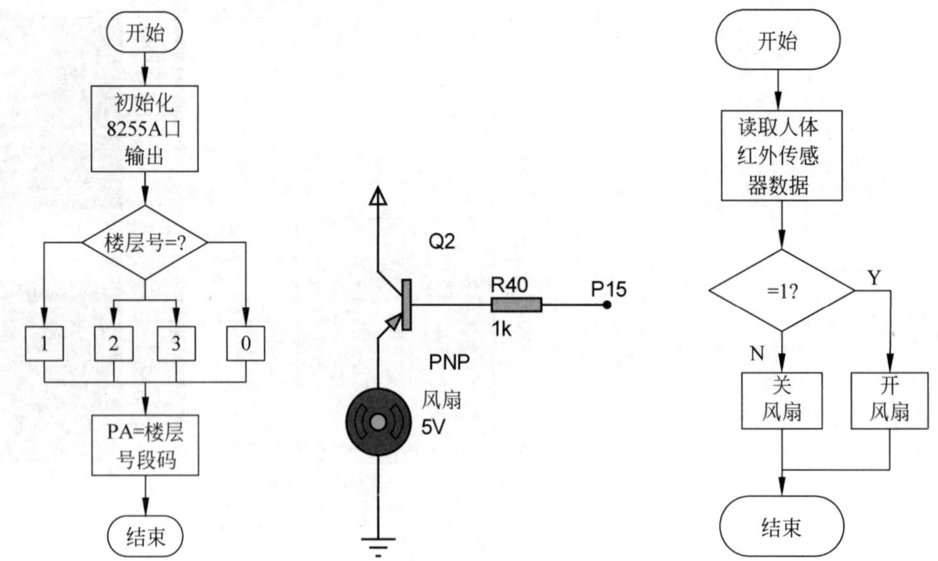

图 8-29 楼层号显示控制流程图　　图 8-30 风扇模块结构图　　图 8-31 风扇控制流程图

8.6.5 案例应用程序

电梯仿真控制程序如下所示：

```
#include <REG51.H>
#include <INTRINS.H>
#include <absacc.h>
#define PA XBYTE[0x7ffc]            //8255A  A口地址
#define PB XBYTE[0x7ffd]            //8255A  B口地址
#define PC XBYTE[0x7ffe]            //8255A  C口地址
#define control XBYTE[0x7fff]       //8255A  控制口地址

//电机单 4 拍励磁信号
unsigned char code MOTOR1[] = {0x01,0x02,0x04,0x08};   //正转
unsigned char code MOTOR2[] = {0x08,0x04,0x02,0x01};   //反转
//共阴极的数码管段码
unsigned char code t[] = {0x3f,0x06,0x5b,0x4f,0x66,0x6d,0x7d,0x07,0x7f,0x6f,0x00};
unsigned char ucMotorDrvPuls;       //电机运转时初始值
unsigned char FORREV = 1;           //1 表示上行,0 表示下行
unsigned char STOPCUR = 0;          //=1 电梯停留在当前层,=0 不停留
int CURFLR = 1; //当前所在楼层号
unsigned char count = 0;            //count 的值累计到 8 表示电机运行过一层,即电机转 8 圈算是
                                    //经过一层
#define UCTIMES 2                   //设置电机转速
```

```
//可以去掉 UCTIMES 不用,直接 time(1000)加大延时间隔时间
#define OUTPUT P2                     //电机驱动信号口
#define COUNT 8                       //电机循环执行 8 次表示电梯经过一层楼
sbit UP1 = P3^4;                      //电梯外 1 楼上按键
sbit DOWN2 = P3^3;                    //电梯外 2 楼下按键
sbit UP2 = P3^2;                      //电梯外 2 楼上按键
sbit DOWN3 = P3^1;                    //电梯外 3 楼下按键
sbit UP3 = P3^0;                      //电梯外 3 楼上按键
sbit DOWN4 = P1^7;                    //电梯外 4 楼下按键
sbit FLOOR1 = P1^0;                   //电梯内 1、2、3、4 楼层按键
sbit FLOOR2 = P1^1;
sbit FLOOR3 = P1^2;
sbit FLOOR4 = P1^3;
sbit START = P1^4;                    //电梯内按键
sbit fm = P1^5;                       //风扇驱动引脚
sbit hot = P1^6;                      //用一个单刀单掷开关模拟红外热释电传感器, =1 表示有人
sbit upLight = P2^5;                  //电梯内、外都连接 P25、P26,显示上/下行方向状态
sbit downLight = P2^6;
void time(unsigned int ucMs);         //延时单位为 ms
void outPress();                      //按下电梯外上/下按钮
unsigned char inPress();              //按下电梯内楼层按钮
unsigned char elevator();             //到达某一层后返回 1,否则返回 0
void storeUP(unsigned char);          //存储当前所有上行请求
void storeDOWN(unsigned char);        //存储当前所有下行请求

//延时函数
void time(unsigned int ucMs);
//初始化所有灯
void initLights(void);
//设置当前楼层
void setFloor(int floor);
//设置电梯向上运行灯
void setUpLight();
//设置电梯向下运行灯
void setDownLight();
//设置电梯停止运行灯
void setStopLight();
void display(void);
int num,ccc;
unsigned char UP_req[5] = {0,0,0,0,0};          //上行请求
unsigned char DOWN_req[5] = {0,0,0,0,0};        //下行请求

//电机定位
void position(void)
{
  OUTPUT = 0x01|(P2&0xf0);time(1000);           //电机驱动信号口 P2,8 拍转一圈
  OUTPUT = 0x02|(P2&0xf0);time(1000);
  OUTPUT = 0x04|(P2&0xf0);time(1000);
  OUTPUT = 0x08|(P2&0xf0);time(1000);
}
```

```
void main(void)
{
  control = 0x88;  //8255 控制命令：设置 a 口、b 口、c 口的低 4 位都为输出方式，c 口高 4 位是
                   //输入方式
  initLights();                              //数码管初始显示 0
  time(5);
  position();                                //电机定位
  ucMotorDrvPuls = 0x11;                     //电机运转时初始值
  OUTPUT = 0x00|(P2&0xf0);                   //电机停
  time(100);
  setFloor(CURFLR);  //设置当前楼层：CURFLR = 1；当前所在楼层 = 1.elevator() 中修改了
                     //CURFLR 的值.
  setUpLight();                            //设置电梯向上运行灯
  PB = 11111001;                           //点阵屏显示向上箭头
  while(1)                                 //主循环
  {
        if(hot == 0)                       //人体红外热释放，控制风扇
        fm = 0;
        else
        fm = 1;
        outPress();                        //按下电梯外按钮
        while(STOPCUR == 1)                //电梯在当前层，电梯不动，可以继续接受请求
          {
            outPress();                    //按下电梯外上下按钮
            inPress();                     //按下电梯内楼层按钮
          }

          if(inPress())                    //按下电梯内楼层按钮，函数返回值：1 /0
          {
            while(START)                   //等待启动键按下，电梯不动，可以继续接受请求
            {
              outPress();
              inPress();
            }
          }

//电机运转循环中：循环一次，修改 P2 的值一次，发一个拍信号
while(1)      //电机运转循环由电梯外、电梯内按键函数的结果控制电机方向：上/下行
      {
            if(UP_req[1] == 0&&UP_req[2] == 0&&UP_req[3] == 0&&
                DOWN_req[2] == 0&&DOWN_req[3] == 0&&DOWN_req[4] == 0)
                {
                  break;                   //没有上下请求，跳出电机运转循环，电梯不动
                }

            if(FORREV)                     //上行
            {
                  setUpLight();            //上行灯亮
                  PB = 11111001;           //点阵屏显示向上箭头
                  if(STOPCUR == 1){break;}
            if(elevator())
```

```
                //往上到达某一层.elevator()功能是到达某一层返回 1,否则返回 0
            {
                    if(CURFLR == 4) {setDownLight();break;}  //到达 4 楼,就没有上行
                                                            //了,所以退出
            }
        OUTPUT = MOTOR1[m];                //电机驱动励磁新号
        m++;
        if(m > 3){m = 0;}

    }

        if(!FORREV)                        //下行
            {
                setDownLight();            //下行灯亮
                PB = 11111100;             //点阵屏显示向下箭头
                if(STOPCUR == 1){break;}
                if(elevator())             //往下到达某一层
                {
                  if(CURFLR == 1) {setUpLight();break;}
                  //到达 1 楼,就没有下行了,所以退出
                }

        OUTPUT = MOTOR2[n];
        n++;
        if(n > 3){n = 0;}
        }
            outPress();                    //按下电梯外按钮
            inPress();                     //电梯运行时,内部按钮按下,无须按启动按钮
            time(600);
}  //end 电机运转循环
  }//end 主循环
}

//电梯外按钮如果按下,就设置 FORREV、STOPCUR 的值,然后被电机循环函数使用
//电梯外按钮按下后, 控制电梯上来还是下来, 然后由电机循环控制电机转动
void outPress()
{
   if(!UP1)                                //UP1 为 1 表示电梯外 1 楼向上按键按下了
   {
     storeUP(1);                           //存储当前所有上行请求

        if(CURFLR > 1&&STOPCUR == 1)
        //若电梯不在 1 楼,且当前没其他请求,电梯马上自动启动;
        //若电梯在 1 楼以上,则要下行
        {
         FORREV = 0;                       //= 0 表示向下运行
         STOPCUR = 0;    // STOPCUR 为 0 表示不停留在当前层 , STOPCUR 为 1 表示电梯停留在当
                         //前层
       }

       if(CURFLR == 1)
```

```
        {
          STOPCUR = 1;                      //电梯停留在当前层
        }
    }

    if(!UP2)                                ////UP2 为 1 表示电梯外 2 楼向上按键按下了
    {
      storeUP(2);                           //存储当前所有上行请求
        if(CURFLR > 2&&STOPCUR == 1)        //若电梯在 2 楼以上表示要下行
        {
          FORREV = 0;                       //1 表示上行,0 表示下行
          STOPCUR = 0;
        }

        if(CURFLR < 2&&STOPCUR == 1)        //若电梯在 2 楼以下表示要上行
        {
          FORREV = 1;                       //1 表示上行,0 表示下行
          STOPCUR = 0;                      // STOPCUR = 0 不停留在当前层
        }

        if(CURFLR == 2)
        {
          STOPCUR = 1;                      //电梯停留在当前层
        }
    }

    if(!UP3)                                //UP2 是电梯外 3 楼向上按键, = 1 表示按下了
    {
      storeUP(3);
        if(CURFLR > 3&&STOPCUR == 1)        //若电梯在 3 楼以上表示要下行
        {
          FORREV = 0;
          STOPCUR = 0;                      //STOPCUR = 0,不停留在当前层
        }

        if(CURFLR < 3&&STOPCUR == 1)        //若电梯在 3 楼以下表示要上行
        {
          FORREV = 1;
          STOPCUR = 0;                      // STOPCUR = 0 表示不停留在当前层
        }

        if(CURFLR == 3)                     //若电梯在 3 楼
        {
          STOPCUR = 1;                      //STOPCUR 为 1 表示电梯停留在当前层
        }
    }

    if(!DOWN2)                              //电梯外 2 楼下按键, = 1 表示按下了
    {
      storeDOWN(2);
```

```
        if(CURFLR > 2&&STOPCUR == 1)   //若电梯在 2 楼以上
        {
          FORREV = 0;
          STOPCUR = 0;
        }
        if(CURFLR < 2&&STOPCUR == 1)   //若电梯在 2 楼以下
        {
          FORREV = 1;
          STOPCUR = 0;
        }
        if(CURFLR == 2)                //若电梯在 2 楼
        {
          STOPCUR = 1;
        }
  }

  if(!DOWN3)                           //DOWN3 为 1 表示按下了电梯外 3 楼下按键
  {
    storeDOWN(3);
        if(CURFLR > 3&&STOPCUR == 1)   //电梯在 3 楼以上则要下行
        {
          FORREV = 0;
          STOPCUR = 0;
        }
        if(CURFLR < 3&&STOPCUR == 1)   //电梯在 3 楼以下则要上行
        {
          FORREV = 1;
          STOPCUR = 0;
        }
        if(CURFLR == 3)                //若电梯在 3 楼
        {
          STOPCUR = 1;
        }
  }

  if(!DOWN4)         // DOWN4 为 1 表示电梯外 4 楼下按键按下了,4 楼没有向上按键
  {
    storeDOWN(4);
        if(CURFLR < 4&&STOPCUR == 1)   //电梯在 4 楼以下,则要上行
        {
          FORREV = 1;
          STOPCUR = 0;
        }
        if(CURFLR == 4)                //若电梯在 4 楼
        {
          STOPCUR = 1;
        }
  }
}

unsigned char inPress()
```

```
{
  int i;
  int flag = 0;
  if(!FLOOR1)                 //电梯内 1 层按键按下.没有判断 1 > CURFLR 是因为 1 楼最低
  {
    if(1 < CURFLR)            //CURFLR 当前所在楼层,初值 = 1 ,请求层小于当前层
                              //电梯内,假如当前是 2 楼,当按下 1,1 小于当前层 2
        {
          STOPCUR = 0;        // STOPCUR = 0,不停留在当前层
          UP_req[1] = 1;      //设置数组 UP_req[]元素的值, 即希望到的楼层号(1 层)
        }
    if(1 == CURFLR)           //若希望到的楼层号(1 层)等于当前所在楼层值
        {
          STOPCUR = 1;
        }
    return 1;
  }

  if(!FLOOR2)                 //电梯内 2 层按键按下
  {
    if(2 > CURFLR)            //请求的层号大于当前层, 如当前是 1 楼,按下 2
                              //CURFLR 当前所在楼层号,其初值 = 1
        {
          UP_req[2] = 1;      //设置数组 UP_req[] 元素的值, 即希望到的楼层号(2 层)
          STOPCUR = 0;        // STOPCUR = 0,不停留在当前层
        }
    if(2 < CURFLR)            //电梯内,假如当前是 3 楼,按下 2,小于当前层 3
        {
          DOWN_req[2] = 1;    //保存在电梯下降数组,希望电梯下降
          STOPCUR = 0;
        }
    if(2 == CURFLR)           //若希望到的楼层号(2 层)等于当前所在楼层值
        {
          STOPCUR = 1;        //若 STOPCUR = 1,表示电梯停留在当前层
        }
        return 1;

}

  if(!FLOOR3)                 //电梯内 3 层按键按下
  {
   if(3 > CURFLR)             //请求的层号大于当前层, 如当前是 2 楼,按下 3
        {
          UP_req[3] = 1;
          STOPCUR = 0;
        }
   if(3 < CURFLR)
        {
          DOWN_req[3] = 1;
          STOPCUR = 0;
        }
```

```
 if(3 == CURFLR)
       {
         STOPCUR = 1;
       }
       return 1;
}

if(!FLOOR4)                  //没有判断 4 < CURFLR,因为 4 楼最高
{
     if(4 > CURFLR)
     //请求的层号大于当前层,如当前是 1 楼,按下 4
       {
         DOWN_req[4] = 1;
         STOPCUR = 0;
       }
       if(4 == CURFLR)
       {
         STOPCUR = 1;
       }
       return 1;
}

if(!START)                   //按下了启动键
{
   STOPCUR = 0;              //STOPCUR = 0 不停留在当前层
   return 1;
}

//电梯外按钮函数,如果按下设置的 FORREV 的值
 if(FORREV == 1)             //FORREV = 1; 1 表示上行
 {
         //请求上行,而进电梯后选择的是下面的楼层
         for(i = CURFLR + 1;i <= 4;i++)
         {
              if(UP_req[i] == 1||DOWN_req[i] == 1){flag = 1;}
              //上行时,如果当前层(电梯所在层)以上没有请求则设置 flag 为 1
         }

           if(flag == 0)     //上层没请求
         {
           FORREV = 0;       //FORREV = 1 表示上行
         }
 }

 if(FORREV == 0)
     {
         //请求下行,而进电梯后选择的是上面的楼层
         for(i = CURFLR - 1;i >= 1;i -- )
         {
           if(UP_req[i] == 1||DOWN_req[i] == 1){flag = 1;}
             //下行时,如果当前层(电梯所在层)以下没有请求则设置 flag 为 1
```

```
            }
            if(flag == 0)       //下层没请求
            {
              FORREV = 1;       //FORREV = 1 表示上行
            }
        }
    return 0;
}

unsigned char elevator()      //到达某一层返回 1,否则返回 0
//函数还设置 STOPCUR,当前层 CURFLR++, 点亮上/下行灯,确定接下去电机方向(上/下行)
{
  count++; //count 初值 = 0;  COUNT 初值 = 8,每执行 elevator()一次,count + 1,要执行 8 次
  if(count == COUNT)
  //count 的值累计到 8,即表示运行过一层,count++到 8 后当前层变量 CURFLR++或 CURFLR --
  {
    //正常情况
    //FORREV 上/下行,由 outpress,inpress 函数设置
    if(FORREV == 1)             //判断上行是否到达请求楼层, 上行请求优先处理,FORREV = 1;
          {
          CURFLR++;         //当前楼层 + 1 , CURFLR 初值是 1
          setUpLight();     //上行灯亮
          PB = 11111001;    //点阵屏显示向上箭头
            if(CURFLR == 2) //到达 2 楼
          {
            count = 0;
            setFloor(2);                    //显示数字
            if(UP_req[2] == 1)              //若 2 楼有上行请求则优先处理
            {
              setUpLight();
              PB = 11111001;                //点阵屏显示向上箭头
              UP_req[2] = 0;                //清除请求
              OUTPUT = 0x00|(P2&0xf0);      //电机停止
              STOPCUR = 1;
              return 1;
            }

            if(DOWN_req[2] == 1&&UP_req[3] == 0&&DOWN_req[3] == 0&&DOWN_req[4] == 0)
            //若 2 楼有下行请求,上面两层没有请求,不再往上
                {
                  setDownLight();
                  PB = 11111100;            //点阵屏显示向下箭头
                  DOWN_req[2] = 0;          //清除请求
                  STOPCUR = 1;
                  OUTPUT = 0x00|(P2&0xf0);  //电机停止
                  FORREV = 0;               // FORREV = 1 表示上行, = 0 表示下行
                  return 1;
                }
          }

          if(CURFLR == 3)                   //到达 3 楼
```

```
    {
      setFloor(3);                    //显示数字
      count = 0;                      //count 的值累计到 8,即表示电梯运行过 1 楼
      if(UP_req[3] == 1)              //3 楼有上行请求则优先处理
      {
        setUpLight();
        UP_req[3] = 0;                //清除请求
        OUTPUT = 0x00|(P2&0xf0);      //电机停止
        STOPCUR = 1;
        return 1;
      }

      if(DOWN_req[3] == 1&&DOWN_req[4] == 0)  //若 3 楼有下行请求,并且 4 楼无请求,电
                                              //梯不再往上
          {
            setDownLight();
            PB = 11111100;            //显示向下箭头
            FORREV = 0;               //FORREV  = 1 表示上行,0 表示下行
            DOWN_req[3] = 0;          //清除请求
            STOPCUR = 1;
            OUTPUT = 0x00|(P2&0xf0);  //电机停止
            return 1;
          }
    }

    if(CURFLR == 4)                   //到达 4 楼
    {
      setFloor(4);                    //显示数字
      setDownLight();
      PB = 11111100;                  //显示向下箭头
      count = 0;                      //count 的值累计到 8,即表示电梯运行过 1 楼
      if(DOWN_req[4] == 1)            //4 楼有请求
      {
        DOWN_req[4] = 0;              //清除请求
        FORREV = 0;                   //FORREV = 1 表示上行,0 表示下行
        OUTPUT = 0x00|(P2&0xf0);      //电机停止
        STOPCUR = 1;
      }
    }
  }

  //if(FORREV == 1)的第二个分支 FORREV == 0,即下行
  else
  //FORREV = 0,判断下行是否到达请求楼层,下行请求优先处理
  {
    CURFLR -- ;                       //当前楼层 - 1
    setDownLight();                   //下行灯亮
    PB = 11111100;                    //显示向下箭头
    if(CURFLR == 1)                   //到达 1 楼
    {
      setFloor(1);                    //显示数字
```

```
    count = 0;                    //count 的值累计到 8,即表示电梯运行过 1 楼
    if(UP_req[1] == 1)            //1 楼有请求,1 楼的请求只有向上的情况
    {
      setUpLight();
      UP_req[1] = 0;              //清除请求
      FORREV = 1;
      OUTPUT = 0x00|(P2&0xf0);    //电机停止
      STOPCUR = 1;
    }
  }


  if(CURFLR == 2)                 //到达 2 楼
  {
    setFloor(2);                  //显示数字
    count = 0;                    //count 的值累计到 8,即表示电梯运行过 1 楼

    if(DOWN_req[2] == 1)          //2 楼有下行请求则优先处理
    {
      setDownLight();
      PB = 11111100;              //显示向下箭头
      DOWN_req[2] = 0;            //清除请求
      OUTPUT = 0x00|(P2&0xf0);    //电机停止
      STOPCUR = 1;
      return 1;
    }

      if(UP_req[2] == 1&&UP_req[1] == 0)
      //1 楼无上行请求,不再往下了,2 楼有上行请求 UP_req[2] == 1
        {
          setUpLight();
          PB = 11111001;          //显示向上箭头
          FORREV = 1;
          UP_req[2] = 0;          //清除请求
          STOPCUR = 1;
          OUTPUT = 0x00|(P2&0xf0);  //电机停止
        }
  }

  if(CURFLR == 3)                 //到达 3 楼
  {
    setFloor(3);                  //显示数字
    count = 0;
    //count 的值累计到 8,即表示电梯运行过 1 楼.即电梯转 8 圈表示到达 1 楼

    if(DOWN_req[3] == 1)          //3 楼有下行请求则优先处理
    {
      setDownLight();
      DOWN_req[3] = 0;            //清除请求
      OUTPUT = 0x00|(P2&0xf0);    //电机停止
      STOPCUR = 1;
```

```
                return 1;
            }

            if(UP_req[1] == 0&&DOWN_req[2] == 0&&UP_req[2] == 0&&UP_req[3] == 1)
                                            //3 楼有上行请求，1、2 楼无请求
            {
                setUpLight();
                FORREV = 1;
                UP_req[3] = 0;
                STOPCUR = 1;
                OUTPUT = 0x00|(P2&0xf0);  //电机停止
            }
        }
      }
    return 1;
  }
  else
  {
    return 0;
  }
}

void storeUP(unsigned char x)               //保存请求
{
  UP_req[x] = 1;
}

void storeDOWN(unsigned char x)
{
  DOWN_req[x] = 1;
}

//初始化所有灯
void initLights()
{
      PA = t[0];                            //显示 1 楼
}

void setFloor(int floor)
{
        switch (floor)
        {
                case 1:
                {
                      PA = 0x06;break;      //显示 1 楼
                }
                case 2:
                {
                      PA = 0x5b;break;      //显示 2 楼
                }
                case 3:
```

```
                {
                    PA = t[3];break;          //显示 3 楼
                }
                case 4:
                {
                    PA = t[4];break;          //显示 4 楼
                }
                default:
                {
                    PA = t[1];break;
                }
        }
}

//设置电梯向上运行灯
void setUpLight()
{
        upLight = 1;
        downLight = 0;
}

//设置电梯向下运行灯
void setDownLight()
{
        upLight = 0;
        downLight = 1;
}

//设置电梯停止运行灯
void setStopLight()
{
        upLight = 0;
        downLight = 0;
}


void delay_5us(void)
{
  _nop_();
  _nop_();
}

void delay_50us(void)
{
  unsigned char i;
  for(i = 0;i < 4;i++)
  {
    delay_5us();
  }
}
```

```
void delay_100us(void)
{
  delay_50us();
  delay_50us();
}

void time(unsigned ucMs)
{
  unsigned char j;
  while(ucMs > 0)
  {
    for(j = 0;j < 10;j++)
        delay_100us();
        ucMs -- ;
  }
}
```

参考文献

[1] 曹金玲，刘松. 微控制器的应用[M]. 2 版. 北京：电子工业出版社，2016.

[2] 张晓莉. 微控制器原理及应用[M]. 西安：西安电子科技大学出版社，2014.

[3] 王博，贾好来. 单片机嵌入式系统原理及应用[M]. 2 版. 北京：机械工业出版社 2019.

[4] 赵德安. 单片机与嵌入式系统原理及应用[M]. 北京：机械工业出版社，2016.

[5] 林立，张俊亮. 单片机原理及应用——基于 Proteus 和 Keil C [M]. 4 版. 北京：电子工业出版社，2018.

[6] 杨居义. 单片机原理及应用：微课版 C 语言版[M]. 北京：清华大学出版社，2018.

[7] 王会良，王东锋，董冠强. 单片机 C 语言应用 100 例[M]. 3 版. 北京：电子工业出版社，2017.

[8] 宁志刚. 单片机实用系统设计：基于 Proteus 和 Keil C51 仿真平台[M]. 北京：科学出版社，2018.

[9] 谭博学，万隆. 嵌入式应用技术[M]. 北京：机械工业出版社，2017.

[10] 宋馥莉，杨森等. 单片机 C 语言实战开发 108 例：基于 8051＋Proteus 仿真[M]. 北京：机械工业出版社，2017.

[11] 王静霞. 单片机应用技术(C 语言版)[M]. 4 版. 北京：电子工业出版社，2019.

[12] 郭志勇，王韦伟，曹路舟. 单片机应用技术项目教程(微课版)[M]. 北京：人民邮电出版社，2019.